对流云合并的雷达卫星探测及过程机理

黄勇 翟菁 冯妍 姚筠 编著

气象出版社
China Meteorological Press

内容简介

强对流系统是暴雨、冰雹、短时大风等灾害性天气形成的重要天气系统，这些灾害性天气对社会经济以及人民生命财产安全造成的损失重大。对流云合并是发生在这些灾害性强对流天气中的一种常见现象。对流云合并的研究由来已久，早期主要借助天气雷达和地面雨量计来进行分析研究。近年来，随着大气探测技术的不断发展，越来越多的新型探测仪器被用于强对流天气的观测研究中。

本书借助地面自动气象站、天气雷达、气象卫星等多种大气探测资料，普查对流云合并过程的一些基本规律；并综合应用多种资料，分析合并过程中的动力结构、微物理过程以及合并在中尺度对流系统生成过程中的作用，探讨对流云合并的机理，建立相应的概念模型。

图书在版编目(CIP)数据

对流云合并的雷达卫星探测及过程机理 / 黄勇等编著. -- 北京 : 气象出版社, 2023.2(2023.5重印)
ISBN 978-7-5029-7923-2

Ⅰ. ①对… Ⅱ. ①黄… Ⅲ. ①气象雷达－应用－强对流天气－大气探测－研究②气象卫星－应用－强对流天气－大气探测－研究 Ⅳ. ①P425.8

中国国家版本馆CIP数据核字(2023)第023962号

对流云合并的雷达卫星探测及过程机理
Duiliuyun Hebing de Leida Weixing Tance ji Guocheng Jili

出版发行：气象出版社
地　　址：北京市海淀区中关村南大街 46 号　**邮政编码**：100081
电　　话：010-68407112(总编室)　010-68408042(发行部)
网　　址：http://www.qxcbs.com　**E-mail**：qxcbs@cma.gov.cn
责任编辑：杨泽彬　**终　　审**：张　斌
责任校对：张硕杰　**责任技编**：赵相宁
封面设计：地大彩印设计中心
印　　刷：三河市君旺印务有限公司
开　　本：787 mm×1092 mm　1/16　**印　　张**：7.25
字　　数：180 千字　**彩　　插**：4
版　　次：2023 年 2 月第 1 版　**印　　次**：2023 年 5 月第 2 次印刷
定　　价：69.00 元

前　言

大量观测事实表明，对流云合并是影响对流云发展和降水持续增强的重要过程，是强对流风暴形成的主要方式之一，并引起冰雹、雷电、暴雨等灾害性天气的发生。

本书围绕对流云合并研究中存在的问题，综合利用地面自动气象站、天气雷达、气象卫星等多种大气探测资料，开展对流云合并的观测研究。在丰富样本的支持下，通过对流云合并过程的普查以及多种观测资料的综合应用，分析合并过程中的环流背景、强对流结构以及对流云合并前后物理量变化等，并从环境特征、诱发因子、动力结构、物理量突变等角度来总结对流云合并的规律，探讨对流云合并的机理。

全书分为七章，分别为：第 1 章概述国内外对流云合并的研究现状；第 2 章介绍研究中所用数据资料和处理方法；第 3 章统计江淮流域夏季对流云合并的时空分布特征以及暴雨和冰雹过程中合并的规律和特征；第 4 章利用多种观测资料，分析对流云合并过程的云系变化、回波演变以及动力结构等宏观特征；第 5 章利用双偏振雷达资料以及数值模拟，对合并过程中微物理结构特征进行分析；第 6 章通过对甘肃舟曲特大泥石流灾害过程的分析，探讨中尺度对流系统形成过程中对流云合并的作用；第 7 章对本书内容做概括性的总结和讨论。

编著者

2022 年 12 月 28 日

目　录

第1章 概 述

暴雨、冰雹等强对流天气过程中常常会出现对流云之间相互合并形成更大更强对流系统的现象(Simpson et al.,1980;王昂生 等,1980a;甄长忠,1981;杨金锡 等,1993;项续康,1995;谢静芳和王晓明,1995;顾亚进 等,2002;漆梁波,2002;许爱华 等 2004;付丹红和郭学良,2007;栾晨和张舒,2017;侯淑梅 等,2018)。关于对流云合并的研究由来已久,人们很早就从观测中发现对流云合并对云和降水发展的影响,尤其是和强对流天气发生关系密切。Simpson 等(1971,1980)曾提出对流云合并对降水的重要性,并指出发展旺盛、持续时间长的积云团往往由多个小单体合并而成。观测结果表明,对流云合并过程对云体发展有正面效应,合并后的积云生命史显著延长(胡雯 等,2010),降雨量增大(Krauss,2012)。此外,对流云合并还与强对流天气的发生息息相关(Turpeinen 和 Yan,1981;Westcott,1994;王昂生,1980a,1980b;甄长忠,1981;项续康,1995;李艳伟 等,2009a;翟菁 等,2011;黄勇 等,2012,2013a,2013b;任靖,2018;郭英莲和孙继松,2019;黄秀韶 等,2022;Flournoy et al.,2022)。

近年来,随着大气探测技术的不断发展,越来越多的新型探测仪器被用于气象观测研究中。其中,气象卫星、天气雷达等遥感探测手段的发展,为中小尺度天气过程的监测提供了有利的工具,尤其是双线偏振雷达的出现,使得云中粒子相态的观测成为可能(刘黎平和王致君,1996,1997;肖艳姣 等,2012;史朝 等,2013;杜牧云 等,2013)。这些都为对流云及其合并现象中动力场和微物理结构的观测分析提供了良好的技术条件。

江淮地区是综合研究对流云合并的理想场所。江淮流域为典型的气候过渡带,各种强对流天气频发。对江淮流域 2001—2006 年的观测分析结果表明(胡雯 等,2010),在夏季江淮流域对流云合并频发,并与夏季雷暴的气候特征有很好的对应关系,80%以上的合并过程会引起云体增强发展;该地区的对流云合并有明显的时空分布规律,其中以大别山区、皖南山区及洪泽湖—皖东丘陵区域这三个区域的合并发生最多。在合并类型方面,两云团或多云团的简单一次合并最多。现代观测技术手段发展为进一步认识对流云合并机制提供了新的机遇。2010 年开始在合并高发区之一的皖东丘陵地区布设了 C 波段车载双偏振多普勒雷达、激光雨滴谱仪、车载探空等一系列探测设备。这些新型探测设备为合并过程的观测提供了优良的基础条件,使得对对流云合并的云物理过程的进一步研究成为可能。因此,开展江淮流域对流云合并的观测研究以及机理分析,对强对流天气预警预报研究以及人工影响局部对流云系很有意义。

1.1 问题的提出

1949 年,Byers 和 Braham 第一次提出对流云合并的概念,合并能够影响云和降水的发展,不仅会使得对流云的尺度增大、强度增强;而且还会提高降水效率,引起地面强降水,并且造成冰雹、雷电等气象灾害(王昂生 等 1980a;叶宗秀 等,1982;于仁成,1989;郁青,1997;林永辉 等,2003;何立富 等,2007)。

对流云合并的早期研究主要以观测研究为主，通过天气雷达回波和地面雨量的观测来分析合并过程，揭示合并对云体和降水的影响。随着大气探测技术的发展，气象卫星、新一代多普勒天气雷达、闪电观测系统、双偏振雷达等大气探测设备的出现，更多、更新的资料得以在对流云合并研究中进行应用，揭示出更多的合并动力学和电学特性。此外，卫星观测结果表明，合并在中尺度对流系统的形成过程中起到了关键的作用（项续康，1995；顾亚进 等，2002；张腾飞 等，2006）。

在观测事实的基础上，对流云合并的机制也得到了深入的研究（Simpson，1980； Pozo et al.，2006a，2006b； Lee et al.，2006a，2006b）。除黄美元（1987）将云合并归结为气压梯度力和相邻两云间辐合抬升两方面的作用结果之外，关于合并的机制主要有两种观点：一种是云下层的水平气压梯度力分布所致（Orville et al.，1980）；另外一种认为是由下层扰动气压场分布造成（Takahashi et al.，2001）。此外，李艳伟等（2009b）通过观测与模拟发现，合并机制的不同会使得合并的初始位置有所差异。

综合而言，云合并是对流性天气中常见的现象，且对灾害性天气的发生发展有着促进作用。以下从基本概念、观测事实，主要影响以及机理分析角度，对对流云合并的研究结果和进展做简要综述。

1.2 基本概念

自 Byers 和 Braham 1949 年通过观测首次提出“合并”概念以来，并未给出一个清晰的、统一的定义。在雷达观测方面，合并被描述为回波中心的合并（Turpeinen，1981； Tao 和 Simpson，1984，1989； Kogan 和 Shapiro，1996，Pozo et al.，2006，Kraussa et al.，2012）。在数值模拟研究中，对流云合并常常被定义为最大上升速度和雨水中心的合并（Turpeinen，1981； Tao 和 Simpson，1984； 1989； Kogan 和 Shapiro，1996）。

付丹红和郭学良（2007）认为，对流云合并过程就是相邻的对流单体之间合并成一个更庞大、更复杂的单体或复合系统。合并是一个复杂的、多尺度、非线性过程。不仅存在对流单体之间的合并，还有尺度更大的对流系统之间的合并以及对流系统中强中心的合并（黄勇 等，2012b）。在有些合并过程中，卫星云图上会出现一条连接对流云的云带［Tao 和 Simpson（1984）形象地称之为云桥］；而有一些过程则观测不到这一云带。

按照对流系统生命史中合并次数的不同，又可将云合并分为单次合并和多次合并。相比较而言，多次合并后对流云发展的更加旺盛，产生更多的降水（Simpson et al.，1980）。对江淮流域暴雨和冰雹过程的统计结果表明，暴雨过程中的合并次数要远远高于冰雹过程中合并的次数（黄勇 等，2013）。合并对流云之间的面积有所不同，根据面积之间的差异，又可以将对流云合并分为等积合并、异积合并和吞并合并（黄勇 等，2013）。

根据合并形式的不同，又可将合并以分为射流合并、追赶合并和指状合并三种（王昂生 等，1980b）。其中，射流合并是因挟卷作用，使得对流云与其强上升气流柱附近的对流单体合并；追赶合并则是因速度原因，使得两个单体之间相互靠近，最终单体间形成环流引起了合并；而指状合并是在一个较强的母云降雨/雹附近，激发出新生的子单体，随着子单体的迅速发展，母-子对流云合并；由于子单体发展旺盛，使得外形上母体一侧出现了一个向外伸展的指状，故这一类合并被称为指状合并。

1.3　观测事实

对流云合并广泛地出现在暴雨、冰雹等强对流天气发展过程中，通过天气雷达、气象卫星等探测手段能够观测到这一事实。

雷达回波是研究对流云合并的有效手段。Simpson 等（1980）通过对 1973 年夏季三天雷达回波（位于南佛罗里达州）的统计，指出合并后的回波降水增强，合并回波产生的降水量占整个研究区域降水量的 86%。王昂生等（1980a）也利用太行山西麓——昔阳地区的雷达观测资料以及云体发展的图片资料（照片），发现云体合并是雹云出现跃增的重要成因之一。另外，1978 年夏季甘肃省出现一次超级单体过程，甄长忠（1981）利用雷达回波资料也观测到多个小单体在一个主体上合并形成超级单体的过程。

随着天气雷达探测技术的发展，更多信息得以被获得。新一代多普勒天气雷达的出现，就为中小尺度天气系统中动力结构的观测提供了有利的手段。利用多普勒天气雷达资料，不仅能够有效地监测龙卷、冰雹等强对流天气（郑媛媛 等，2004，2009；姚叶青 等，2008），还可以结合地面中尺度网观测资料、再分析资料以及模式产品更细致地研究强对流天气过程的流场、空间结构和机理（姚叶青 等，2007；夏文梅 等，2009；梁红 等，2011）。何宽科等（2005）就通过多普勒天气雷达回波强度和径向速度的分析，认为促使回波带合并的主要原因是两条回波间低层辐合的加强。孙晶等（2007）则通过多普勒天气雷达的观测，发现在梅雨期内，产生暴雨的中尺度对流系统中存在着许多合并现象。王俊等（2011a，2011b）分别采用单多普勒天气雷达和双多普勒天气雷达，从动力场上分析了一次弓状回波和超级单体合并的机制。这些成功经验表明，多普勒天气雷达的使用可以大大增强针对强对流天气的探测与分析能力，有助于分析云团之间风场的相互作用（刘黎平 等，2004a，2004b；黄秀韶 等，2022），这也就为对流云合并的观测研究提供了更好的观测信息。

气象卫星作为一种空基遥感探测手段，也是强对流天气监测中的一个有力工具。虽然，尚未明确云图上对流云合并的自动判别标准，但可以通过人工判别来进行对流合并过程的有效监测。另外，由于多普勒天气雷达探测范围有限，而气象卫星则能开展大范围、连续的监测。因此，气象卫星是监测中尺度对流系统等尺度相对较大系统的有效手段。卫星观测分析表明，在中尺度对流系统（Mesoscale Convective System，简称 MCS）的形成过程中常出现云团之间的合并，并且云团合并能够促进 MCS 的形成和发展（杨金锡 等，1993；项续康，1995；谢静芳和王晓明，1995；顾亚进 等，2002）。近年来随着卫星探测技术和反演技术的不断进步，已经实现了云物理特征参数的卫星反演（周毓荃 等，2008），能够提供包括云顶高度、云体厚度、云液水路径等多种云宏微观物理特征参数产品。蔡淼等（2012）就利用这些反演的特征参数对一次合并后产生强降水的过程进行分析，观测到合并时云光学厚度和液水路径的迅速增加。上述研究结果表明，气象卫星的图像和数值产品能在对流云及其合并的监测中发挥出重要作用。

在暴雨中，对流云合并已经是一个常见的观测事实。在 2001 年 8 月 5—6 日上海的特大暴雨过程中，伴随着热带低压系统的加强，出现了对流云团之间合并，并在上海市造成特大暴雨（漆梁波，2002）。2003 年 7 月 25—26 日，台风“伊布都”登陆后影响云南，在这一天气背景下，云团合并后形成的中尺度对流复合体，引发了一次暴雨过程（郭荣芬 等，2005）。2005 年 7 月 22 日，台风“海棠”在河南省濮阳市引发了大暴雨天气过程，正是台风倒槽内新旧对流系统的合并，造成了降水强度的增强，引发了此次暴雨过程（李改琴 等，2007）。除台风暴雨外，西南涡暴雨中也会出现对流云团的合并，且中 β 尺度对流云团合并后，地面就出现了强度超过 50 mm/h 的暴雨（张腾飞 等，2006）。2012—2018 年夏季（6—9 月）发生在四川盆地眉山市内的 35 次区域性暴雨过程中，有 88%出现了对流云合并（王雪芹和徐卫红，2019）。

除冰雹这种小尺度强对流天气系统中常见对流云合并外，也有关于龙卷风过程中观测到对流云合并现象的报道。曹治强等（2008）对 2007 年 7 月皖苏北部一次龙卷过程的观测结果就表明，对流单体合并后不仅形成了范围更大的对流云团，而且在地面产生了龙卷风。Tanamachi 等（2015）认为，合并形成一个新的中层中气旋，并迅速增强，产生龙卷风。

以上观测事实表明，在暴雨、大风、冰雹和雷击等灾害性强对流天气过程中，合并现象普遍存在，并在系统的生成和发展过程中扮演中重要的角色。

1.4 主要影响

研究表明对流云合并过程对云体发展有正面效应（Gauthier et al.，2010），并且能够增加降水效率和降水量，触发冰雹等强对流天气。

1.4.1 云体发展

多个对流单体合并后，云体的范围扩大，并且因垂直方向上加强了上升-下沉气流，造成上升运动增强，促使对流云进一步发展（于仁成 等，1998）。郁青（1991）在一次冰雹过程的分析中观测到合并后 10 min 内回波强度、回波顶高和回波范围都发生了明显的变化：回波强度增加 15 dB、最大梯度达 25 dB/km，回波顶升高 1.9 km，范围扩大 2～3 倍。除雷达观测外，卫星云图的分析也表明合并后低亮温区（−73 ℃以下云区）范围扩大，云顶最低亮温达到了 −90 ℃，云团得到了显著的增强（徐继业和姚祖庆，2001）。

在个例分析的基础上，对流云合并的统计分析结果进一步说明了合并在云体发展过程中所起到的积极作用。20 世纪末，Westcott（1994）对美国伊利诺伊州 1986 年夏季合并过程进行统计，结果表明 45%～70%的回波在合并后得到了增强。在我国，曾光平等（2002）利用建阳雷达对 2001 年夏季对流云进行统计，发现 26.8%的对流云中都存在合并现象，且合并形成的对流云要比对流单体发展得更加旺盛，是该区域内夏季最主要的降水云类型。刘慧娟（2009）对 2003—2006 年夏季合肥雷达探测范围内合并过程也进行了统计，结果显示 77%的回波合并后得到增强。另外，Krauss 等（2012）2008 年在沙特阿拉伯西南部的观测结果也表明，合并后雷达回波增强，在 5～10 min 内平均增幅为 4.2 dBZ。这些统计结果表明，对流云合并能够促进云体的发展。

除观测分析外，数值模拟研究的结果也表明合并后云体得到增强，并阐明了合并增强云体发展的机制。付丹红和郭学良（2007）对北京 2001 年夏季一次强对流过程的模拟结果表明，合并过程会使得云内上升-下沉气流得到增强，从而使得对流运动更加旺盛，促进了系统的发展。Ping 等（2014）对 2003 年淮河梅雨期暴雨过程的模拟结果指出，云团之间的合并能触发大尺度环境和积云对流之间的正反馈作用，促进对流系统的发展。French 和 Parker（2014）在弓状回波形成过程的模拟研究中，发现正是飑线和超级单体合并后的增强发展，形成了这一强对流天气的弓状回波。Ćurić等（2009）对一次 MCS 形成过程的模拟研究结果显示，对流单体之间相互合并后，云体增强发展，形成了 MCS。

这些研究结果都表明，对流云合并后云体发展得到了增强。

1.4.2 降水增加

暴雨期间对流云合并频发，云团合并后不仅使得积云的面积增大、生命史延长，而且还会使得雨强增强、雨量增大数倍（邵玲玲和黄炎，2002；胡雯 等，2010；Krauss，2012；黄勇 等，2012）。

付丹红和郭学良（2007）通过对一次合并过程模拟，指出合并过程会使云中的云水含量增加，并有利于水汽的转化。合并会使得云水含量达到最大值，并导致云水转化为冰相粒子，冰相粒子融化有利于地面产生大量降水。翟菁等（2012）对不同发展阶段对流云合并过程的模拟结果也表明，合并会引起云体发展和降水增强。

另外，合并后增强的上升气流，也会使得雨滴的增长路径延长，雨滴粒子更大，在地面产生更强的降水。

1.4.3 冰雹产生

自 20 世纪 80 年代开始，王昂生（1980a）、叶宗秀（1982）、郁青（1991）等学者就陆续发现，对流云单体在合并后的很短时间内常常会出现降雹。王昂生等（1980a）通过统计，将冰雹云的生命史划分成发生、跃增、酝酿、降雹和消亡五个阶段，并认为合并是形成跃增阶段的重要成因之一。

分散型的对流单体通过相互的合并，使得对流单体群的发展趋于组织化，从而形成结构紧密的冰雹云。另外，合并能把对流单体的能量集中起来，使得辐合上升的范围扩大，利于单体合并发展形成雹云（郁青，1991；渠永兴 等，2004）。

对流云合并前，由于对流发展较弱，无法使得大量的水汽被抬升至较低温度区。因此，也就使得对流云的冰化作用较弱，不利于形成冰雹粒子。而当多单体发生合并后，在垂直方向上会促生出一个下沉-上升环流，并逐渐加强。从而加强了云中的对流，剧烈的上升运动使得云体发展到更高的高度，导致有更多水汽进入低温区，从而增强对流的冰化作用。另一方面，强烈的对流会使得粒子运动路径延长，从而在运动过程中碰并更多的粒子，使得自身长得更大。这两方面都对冰雹的生成有促进作用，使得合并后地面出现降雹。

1.4.4 合并与 MCS

中尺度对流系统，简称 MCS（Mesoscale Convective System），是大气中大尺度环流和中小尺度对流之间的主要连接（Houze，2004；2014）。很多暴雨灾害都是由持续时间长、移动缓慢的 MCS 造成的。同时，MCS 常常伴有冰雹、龙卷、大风等灾害性天气。20 世纪 80 年代 Maddox（1980）首先给出一种特殊 MCS——中尺度对流复合体（Mesoscale Convective Complex，简称 MCC）的定义。在此基础上，又分别定义出持续拉长状对流系统（Persistent Elongated Convective System，简称 PECS）、中 β 尺度对流复合体（Meso-β-scale MCC，简称 MβMCC）以及中 β 尺度持续拉长状对流系统（Meso-β-scale PECS，简称 MβPECS）（Jirak et al.，2003）。

成因的不同会使得 MCS 的外形有所差异。其中，圆形 MCS 的主要成因是低层中尺度气旋，而宽带状 MCS 的主要成因是低层的中尺度切变线（覃丹宇，2010）。MCS 中云团是否有组织性结构，也与 MCS 中的水汽含量和降水量有关。对美国中部的 MCC 研究中，发现缺少组织性的云团要比尺度相同但有组织的云团更干(Mcanelly 和 Cotton，1989)。对西非荒漠草原 MCS 的研究(Mathon 和 Laurent，2002)表明，仅占 MCS 12%的组织对流系统(Organized Convective Systems，简称 OCSs)是该区域内主要的降水源(占 90%)。

对流合并是 MCS 形成过程中的一种组织方式。一方面，α 尺度系统的增强发展过程中就包括了 β 尺度系统的增长、合并以及相互作用(Mcanelly 和 Cotton，1986)。另一方面，对流合并后会增强垂直方向上的次级环流，进而通过影响大尺度环流来进一步增强对流系统的发展，最终形成 MCS(Ping et al. ，2014)。

1.5 主要机制

两个或多个对流单体合并成一个对流云的过程中包含了复杂的动力、热力和微物理过程。学者们从大量观测事实提出了对合并机理的推断。如 Simpson 等(1980)利用雷达观测结果提出由相邻积云下沉气流诱发的阵风锋的接近或迎遇是合并主要机理的假设，Turpeinen 和 M. K. Yan(1981)通过雷达观测的回波分析了二块云合并过程及与环境风切变关系，但有限的观测手段使得这些机理假设缺乏足够的验证。

除观测外，数值模拟研究也是对流云合并机理研究的重要方法。早期的模拟研究主要是基于云模式进行的。如 Oriville 等(1980)采用二维模式模拟了云合并过程，认为云合并的机制是由于云下层的水平气压梯度力分布所致。Turpeinen(1982)通过三维模式研究合并过程中扰动气压梯度和中尺度辐合的作用。Tao 和 Simpson(1984)用二维模式对积云合并和大尺度辐合之间关系作了 48 次数值试验，证明辐合强度、降水量以及大量积云合并都随大量大尺度抬升作用(即低空辐合)而增加，Tripoli 和 Cotton(1980)数值试验也得到相同的结果。黄美元等(1987)用二维非定常暖积云模式，讨论了不同强度(不同发展阶段)的合并条件和合并机理，认为云的合并是云下层水平气压场及两块云环流流场共同作用的结果。Tao 和 Simpson(1984)利用三维模式研究积云间相互作用及合并前对流云轨迹分析，Stalker 和 Knupp(2003)通过三维模式对对流云合并进行了研究，得出当单体间距离为行星边界层高度的 3/4 时最有利于合并发生的结论。这些工作主要从积云尺度研究了对流云合并的条件和机理，表明合并可能和低空辐合、云的水平气压梯度力、云的环流场、云发展的强度和单体之间的距离等因素有关。

随着数值模式技术的不断发展，中尺度数值模式不但可以详尽地描述云物理过程，还能够给出环境场的动力热力环境，因而逐渐被用来探讨合并机制。如 Pozo 等(2006)将第五代中尺度数值预报模式(Mesoscale Model 5，简称 MM5)的输出用于中尺度区域气象预报模式(Advanced Regional Prediction System，简称 ARPS)，模式的初始场和边界条件对合并过程进行模拟研究，研究认为地面辐合和风切变对合并是必要的，而云的阵风锋之间以及与周围环境风的相互作用是形成地面辐合的主要因素，云桥上新的积云塔的形成是对流云合并的主要特征。付丹红和郭学良(2007)使用 MM5 模式对北京的一次强对流天气过程进行了模拟，指出积云合并在这次强对流系统形成中有非常重要的作用，由强辐散出流形成的上升气流及与环境风相互作用有利于合并发展，合并可导致对流运动发展加强，形成大量过冷云水和冰相粒子，从而利于强降水的产生。付丹红和郭学良(2007)还指出，单一流型的合并只发生在两个小的非降水性单体之间；而降水性的强单体的合并有两种情形：一种是一个单体的强下沉气流加强了另一个单体的上升气流，单体间通过云桥实现合并，另一种是由于云体的扩大导致与另一云体的连接，最后实现合并。李艳伟等(2009b)使用新一代中尺度预报模式(The Weather Research and Forecasting Mode，简称 WRF)对贵州一次对流云合并过程的模拟研究表明，云合并不同阶段的合并机制不同：从云中下部开始的合并，是由于合并部位上升倾向很大(上升气流速度大)，有利于相邻云上升区的扩展，形成“动力云桥”促进了合并；从云中上部开始的合并，是云团上部较强的风切变造成云团的旋转倾向大，同样促进了合并。这些工作通过对合并个例的模拟研究，说明了合并是云自身的环流与周围环境风相互作用的结果，单体的辐散出流、动力云桥等动力因素在合并中起到重要的作用，并对不同类型的合并机制进行了探讨。Ping 等(2014)通过对梅雨锋上对流合并过程的模拟研究，认为合并是对流单体在大尺度环流和天气系统作用下的自我调节和发展。

1.6　发展趋势

对流云合并的研究主要集中在两个方面：观测分析和模拟研究。在以往的研究中受观测能力限制，无法对合并过程中的中小尺度特征进行观测分析。大气探测技术的迅猛发展，出现了时空分辨率更高的大气探测仪器设备，如：风廓线雷达、微波辐射计、激光雨滴谱仪、气象卫星以及多普勒天气雷达(主要指双极化多普勒雷达和双多普勒雷达联合观测)等。这些新型探测设备的应用，使得合并过程中的中小尺度动力特征和微物理过程的观测分析成为可能。

风廓线雷达能够提供高精度的三维风场结构，而在中尺度对流系统发生发展过程中，风场尤其是低层风场扰动起着重要的作用。因此，风廓线雷达探测的风场信息是一种研究合并的有力工具(齐琳琳和赵思雄，2003)。与常规天气雷达相比，双极化雷达能够获得更多关于云和大气水凝结物微物理特性的雷达参数，可以提高雷达测雨精度，能为大气水凝结物的识别和演变提供依据，可以用于分析云和大气水凝结物的微物理特性及其演变(张富杰 等，2000)。而双多普勒雷达的同步观测可以得到的三维风场结构，是探测云和降水三维运动结构的有效手段。目前，双多普勒雷达探测技术已经成功应用于中尺度对流系统风场的探测和分析中(刘黎平，2003；周海光和郭富德，2007)。三维风场结构的观测将有利于更深层次地了解合并过程动力结构和演变。

随着 FY 系列气象卫星(FY-2、FY-3、FY-4)的陆续成功发射，多颗卫星组网观测可提供分钟级的高频次观测，为中小尺度对流天气过程的监测分析提供强有力手段(曹治强 等，2008)。此外，气象卫星提供的大量高时空分辨率的卫星云图及其反演产品，也为揭示中尺度系统的动力学特征创造了有利的条件(寿亦萱和许健民，2007)。这些资料将有利于更好地监测对流云合并的过程，并分析其动力学特征。

此外，数值模式的发展也为对流云合并的模拟研究和机理分析提供了有利条件。时空密度更高、精确性更好的大气探测资料在数值模式中的同化应用，可以为数值模拟提供更加准确的初始场，以提高模式模拟能力。这些都有利于对合并过程开展更加细致和精确的研究，以揭示其物理本质。

因此，在对流云合并方面，未来的发展方向主要有两个：新型大气探测设备在合并过程中的观测分析以及模式模拟和机理分析。

参考文献

蔡淼,周毓荃,朱彬,2011. 一次对流云团合并的卫星等综合观测分析[J]. 大气科学学报,34(2):170-179.

曹治强,方宗义,方翔,2008. 2007 年 7 月皖苏北部龙卷风初步分析[J]. 气象,34(7):33-37.

杜牧云,刘黎平,胡志群,2013. 双线偏振雷达差分反射率因子系统误差订正[J]. 高原气象,32(4):1174-1185.

付丹红,郭学良,2007. 积云合并在强对流系统形成中的作用[J]. 大气科学,31(4):635-644.

顾亚进,党人庆,唐洵昌,等,2002. 一次 MCS 过程的卫星云图和数值模拟分析[J]. 气象科学,22(2):197-204.

郭荣芬,鲁亚斌,李燕,等,2005."伊布都"台风影响云南的暴雨过程分析[J]. 高原气象,24(5):784-791.

郭英莲,孙继松,2019. 湖北三类组织形态强对流系统造成的地面强对流大风特征[J]. 大气科学,43(03):483-497.

何立富,陈涛,周庆亮,等,2007. 北京"7·10"暴雨 β 中尺度对流系统分析[J]. 应用气象学报,18(5):655-665.

何宽科,赵海林,陈淑琴,等,2005. 一次强对流天气过程中的两次回波合并分析[J]. 海洋预报,22(3):83-87.

侯淑梅,闵锦忠,刁秀广,等,2018. 飑线发展过程中回波合并的特征分析[J]. 大气科学学报,41(3):367-376.

胡雯,黄勇,汪腊宝,2010. 夏季江淮区域对流云合并的基本特征及影响[J]. 高原气象,29(1):206-213.

黄美元,徐华英,吉武胜,1987. 积云并合及相互影响的数值模拟研究[J]. 中国科学 B 辑,17(2):214-224.

黄秀韶,刁秀广,韩永清,等,2022. 一次强降水风暴回波合并前后双偏振特征分析 . 气象科学,42(3):410-419.

黄勇,胡雯,何永健,2008. 安徽省副高控制下对流云特征分析[J]. 安徽师范大学学报(自然科学版),31(5):479-482.

黄勇,覃丹宇,邱学兴,2012. 暴雨过程中对流云合并现象的观测与分析[J]. 大气科学,36(6):1135-1149.

黄勇,翟菁,邱学兴,2013a. 淮河流域一次强对流性天气过程的遥感分析[J]. 气象与环境学报,29(2):19-26.

黄勇,王雪芹,苏爱芳,等,2013b. 江淮夏季强天气过程中对流云合并现象的卫星观测[J]. 遥感学报,17(2):355-354.

李改琴,梁海河,王树文,等,2007. 台风海棠远距离暴雨中尺度系统特征[J]. 气象,33(8):18-22.

李艳伟,牛生杰,罗宁,等,2009a. 山地对流云并合形成积层混合云的过程分析[J]. 气象科学,29(2):157-164.

李艳伟,牛生杰,姚展予,等,2009b. 云并合的初始位置探讨[J]. 大气科学,33(5):1015-1026.

梁红,陈立德,李大为,等,2011. 沈阳一次局地大暴雨过程中逆风区的回波演变[J]. 气象与环境学报,27(3):12-17.

林永辉,布和朝鲁,2003. 2001 年 8 月初上海强暴雨中尺度对流系统的数值模拟研究[J]. 气象学报,61(2):196-202.

刘慧娟,2009. 安徽省夏季对流云合并雷达回波特征统计及分析[D]. 南京:南京信息工程大学 .

刘黎平,2003. 用双多普勒雷达反演降水系统三维风场试验研究[J]. 应用气象学报,14(4):502-504.

刘黎平,王致君,1996. 双线偏振雷达探测的云和地物回波的特性及其识别方法[J]. 高原气象,15(3):303-310.

刘黎平,王致君,1997. 我国双线偏振雷达探测理论及应用研究[J]. 高原气象,16(1):99-104.

刘黎平,阮征,覃丹宇,2004a. 长江流域梅雨锋暴雨过程的中尺度结构个例分析[J]. 中国科学 D 辑,34(12):1193-1201.

刘黎平,邵爱梅,葛润生,等,2004b. 一次混合云暴雨过程风场中尺度结构的双多普勒雷达观测研究[J]. 大气科学,28(2):278-284.

栾晨,张舒,2017. 黑龙江一次强天气过程中对流云合并的观测和机理分析[J]. 黑龙江气象,34(4):22-24.

齐琳琳,赵思雄,2003. 利用非常规资料对城市强暴雨的中尺度分析与模拟研究[J]. 科学通报,48(S2):17-24.

漆梁波，2002. 特大暴雨非常规资料的初步分析[J]. 气象，28(1)：34-38.

覃丹宇，2010. 用滤波方法进行 MαCS 云团形态差异的个例分析[J]. 大气科学，34(1)：154-162.

渠永兴，张强，康凤琴，2004. 甘肃永登强对流云的雷达气候学特征分析[J]. 高原气象，23(6)：773-780.

任靖，2018. 江淮地区对流云合并作用的卫星观测研究[D]. 南京：南京信息工程大学 .

邵玲玲，黄炎，2002. 上海“8.5”特大暴雨的成因和特点[J]. 气象，28 (8)：47-50.

史朝，何建新，李学华，等，2013. X 波段天气雷达地物回波的双偏振参量特征分析及应用[J]. 高原气象，32(5)：1478-1484.

寿亦萱，许健民，2007.“05.6”东北暴雨中尺度对流系统研究 Ⅰ：常规资料和卫星资料分析[J]. 气象学报，65(2)：160-170.

孙晶，楼小凤，胡志晋，等，2007. 梅雨期暴雨个例模拟及其中小尺度结构特征分析研究[J]. 大气科学，31(1)：1-8.

王昂生，赵小宁，康玉霞，等，1980a. 昔阳地区冰雹云形成过程的一些特征[J]. 大气科学，4(2)：456-460.

王昂生，黄美元，徐乃璋，等，1980b. 冰雹云物理发展过程的一些研究[J]. 气象学报，38(1)：64-72.

王俊，俞小鼎，邰庆国，等，2011a. 一次强烈雹暴的三维结构和形成机制的单、双多普勒雷达分析[J] . 大气科学，35 (2)：247-285.

王俊，龚佃利，刁秀广，等，2011b. 一次弓状回波强对流风暴及合并过程研究——以单多普勒雷达资料为主的综合分析[J]. 高原气象，30(4)：1067-1077.

王雪芹，徐卫红，2019. 四川盆地暴雨过程对流云合并特征初探[J]. 气象科技，47(6)：969-975.

夏文梅，慕熙昱，徐芬，2009. 南京地区初夏一次阵风锋过程的分析与识别[J]. 高原气象，28(4)：836-845.

项续康，1995. 1989 年 7 月川东大暴雨中尺度对流系统分析[J]. 气象，21(3)：30-34.

肖艳姣，王斌，陈晓辉，等，2012. 移动 X 波段双线偏振多普勒天气雷达差分相位数据质量控制[J]. 高原气象，31(1)：223-230.

谢静芳，王晓明，1995. 东北地区中尺度对流复合体的卫星云图特征[J]. 气象，21(5)：41-43.

许爱华，马中元，郭艳，2004.“7.17”庐山雷击事件分析[J]. 气象，30 (6)：35-38.

徐继业，姚祖庆，2001. 登陆热带气旋引发的龙卷过程之个例分析[J]，气象，27 (7)：27-29.

杨金锡，陈晓红，王东勇，1993. 1991 年 7 月 6—7 日黄山特大暴雨分析[J]. 气象，19 (1)：39-42.

姚叶青，俞小鼎，郝莹，2007. 两次强龙卷过程的环境背景场和多普勒雷达资料的对比分析[J]. 热带气象学报，23(5)：483-490.

叶宗秀，陈倩，郭昌明，等，1982. 冰雹云的闪电频数特征及其在防雹中的应用[J]. 高原气象，1(2)：53-59.

郁青，1991. 雹云并合过程的雷达回波分析[J]. 气象，17(2)：50-54.

于仁成，高瑞华，宋同文，等，1998. 一次中尺度对流系统分析[J]. 气象，24(3)：33-37.

甄长忠，1981. 78810 冰雹过程的分析[J]. 大气科学，5(4)：456-460.

曾光平，隋平，蒋年冲，等，2002. 利用建阳新一代天气雷达观测夏季对流云特征[J]. 13(6)：767-768.

翟菁，黄勇，胡雯，等，2011. 强对流系统中对流云合并的观测分析[J]. 气象科学，31(1)：100-106.

张富杰，朱北川，何金伟，等，2000. 成都地区双极化雷达的云雨观测[J]. 成都气象学院学报，5(4)：327-331.

张腾飞，张杰，马联翔，2006. 一次西南涡影响云南强降水过程分析[J]. 气象科学，26 (4)：376-383.

郑媛媛，俞小鼎，方翀，2004. 一次典型超级单体风暴的多普勒天气雷达观测分析[J]. 气象学报，62(3)：317-328.

郑媛媛，朱红芳，方翔，等，2009. 强龙卷超级单体风暴特征分析与预警研究[J]. 高原气象，28(3)：617-625.

周海光，郭富德，2007. 梅雨锋暴雨中尺度对流系统结构模型的双多普勒雷达研究[J]. 南京气象学院学报，30(1)：1-8.

周毓荃，陈英英，李娟，等，2008. 用 FY-2C/D 卫星等综合观测资料反演云物理特性产品及检验[J]. 气象，34(12)：27-35.

FRENCH A J PARKER M D,2014. Numerical Simulations of Bow Echo Formation Following a Squall Line-Supercell Merger[J]. Monthly Weather Review,142(12):4791-4822.

FLOURNOY MATTHEW D,ANTHONY W LYZA,MARTIN A SATRIO,et al,2022. A Climatology of Cell Mergers with Supercells and Their Association with Mesocyclone Evolution[J]. Monthly Weather Review, 150(2):451-461.

GAUTHIER M L,PETERSEN W A,CAREY L D,2010. Cell mergers and their impact on cloud-to-ground lightning over the Houston area[J]. Atmospheric Research,96 (4):626-632.

HOUZE R A,2004. Mesoscale Convective Systems[J]. Reviews of Geophysics,42(4),RG4003.

HOUZE R A,2014. Mesoscale convective systems[J]. International Geophysics,104:237-286.

JIRAK I L,WILLIAM R COTTON,RAY L MCANELLY,2003. Satellite and Radar Survey of Mesoscale Convective System Development[J]. Monthly Weather Review,131(10):2428-2449.

KOGANYEFIM L,ALAN SHAPIRO,1996. The Simulation of a Convective Cloud in a 3D Model with Explicit Microphysics. Part II:Dynamical and Microphysical Aspects of Cloud Merger[J]. Journal of the Atmospheric Sciences,53(17):2525-2545.

KRAUSSA T W,SIN'KEVICHB A A,GHULAM A S,2012. Radar Investigations of Cloud Merger[J]. Russian Meteorology and Hydrology,37(9):604-614.

LEE B D,JEWETT B F,WILHELMSON R R,2006a. The 19 April 1996 Illinois tornado outbreak. Part I:Cell evolution and supercell isolation[J]. Weather and Forecasting,21(4):433-448.

LEE B D,JEWETT B F,WILHELMSON R R,2006b. The 19 April 1996 Illinois tornado outbreak. Part II:Cell mergers and associated tornado incidence[J]. Weather and Forecasting,21(4):449-464.

MADDOX R A,1980. Mesoscale convective complexes[J]. Bulletin of the American Meteorological Society,61 (11):1374-1387.

MATHON V,LAURENT H,THIERRY LEBEL,2002. Mesoscale Convective System Rainfall in the Sahel [J]. Journal of Applied Meteorology,41:1081-1092.

MCANELLY RAY L,WILLIAM R COTTON,1989. The Precipitation Life Cycle of Mesoscale Convective Complexes over the Central United States[J]. Monthly Weather Review,117(4):784-808.

MCANELLY RAY L,WILLIAM R COTTON,1986. Meso-β-scale Characteristics of an Episode of Meso-α-scale Convective Complexes[J]. Monthly Weather Review,114(9):1740-1770.

ORVILLE H D,KUO Y H,FARLEY R D,et al,1980. Numerical simulation of cloud interactions[J]. Journal of Recherchs Atmospheriques,14:499-516.

PING FAN,ZHEXIAN LUO,XIBA TANG,2014. A simulation of merger of convective clouds in the torrential rainfall associated with the Meiyu front[J]. Meteorology and Atmospheric Physics,123(1-2):51-65.

POZO D,BORRAJERO I,MARIN J C,2006a. A numerical study of cell merger over Cuba-Part I:Implementation of the ARPS/ MM5 models[J]. Annales Geophysicae,24 (11):2781-2792.

POZO D,BORRAJERO I,MARIN J C,2006b. A numerical study of cell merger over Cuba-Part II:Sensitivity to environmental conditions[J]. Annales Geophysicae,24(11):2793-2808.

SIMPSON J S,WOODLOG W L,1971. Seeding cumulus in Florida,New,1970 results[J]. Sciences,172(1): 117-126.

SIMPSON J S,NANCY E WESTCOTT,CLERMAN R J,et al,1980. On Cumulus Mergers[J]. Arch. Meteor. Geophphys. Bioklimatol. ,Ser. A,29:1-40.

TAKAHASHI T ,YAMAGUCHI N ,KAWANO T,2001. Videosonde observation of torrential rain during Baiu season[J]. Atmospheric Research ,58 (3):205-228.

TANAMACHI R L,HEINSELMAN P L,WICKER L J,2015. Impacts of a storm merger on the 24 May 2011

El Reno,Oklahoma,tornadic supercell[J]. Weather and Forecasting,30:501-524.

TAO W K,SIMPSON J,1984. Cloud interactions and merging:Numerical simulations[J]. Journal of the Atmospheric Science,41:2901-2914.

TAO W K,SIMPSON J,1989. A further study of cumulus interactions and mergers:Three dimensional simulations with trajectory analyses[J]. Journal of the Atmospheric Science,46:2974-3004.

TURPEINEN O,YAN M K,1981. Comparisons of result from a three-dimensional cloud model with statistics of radar echo on day 261 of GATE[J]. Monthly Weather Review,109(7):1495-1511.

WESTCOTT N E,1994. Merging of convective clouds:cloud initiation,bridging,and subsequent growth[J]. Monthly Weather Review,122:780-790.

ĆURIĆ M,JANC D,VUČKOVIĆ V,2009. The influence of merging and individual storm splitting on mesoscale convective system formation[J]. Atmospheric Research,93 (1):21-29.

第 2 章　对流识别与跟踪技术

2.1　对流云识别方法

云是悬浮在大气中的大量微小水滴或冰晶或两者混合的可见聚合体，有时也包含一些较大的雨滴和冰雪粒(《大气科学辞典》编委会，1994)。根据云动力学特征，可以将云划分为对流云、层状云和波状云。其中对流云是大气对流活动的产物，经常伴有雷暴、大风、暴雨以及冰雹、龙卷等，是引发气象灾害的主要因素之一。及时有效地开展对流云的监测，对于增强气象服务能力、减少气象灾害损失具有重要的意义。

气象卫星是一种能及时获得全球大气中云分布情况的气象观测手段。早在 20 世纪 60 年代，Fujita 等人(1968)就开始利用电影动画胶片人为地进行对流云的监测，随后逐渐出现了多种对流云监测方法(Endlish et al.，1971；Dixon et al.，1993；Johnson et al.，1998；陈刚毅等，2005；黄勇 等，2012a，2012b)，以此来提高对流云的监测能力。

在众多方法中，阈值法(刘健，2010)是最为常见的一种方法。然而，阈值法也存在着一些问题，主要表现为：在采用阈值进行对流云识别时，较低的亮温阈值，虽然有效地识别出对流系统，但是却滤掉了一些云顶亮温相对较高、处于发展阶段的初生对流；而当亮温阈值升高时，虽然能够保留初生对流，但是却容易将一些云层较厚的层云和卷云识别为对流云。

为提高阈值法的有效性，综合利用多个红外亮温阈值和云团外形因子，设计逐步判别对流云的方法，用以区分不同类型的对流云。该方法在兼顾红外云顶亮温和云团外形的同时，尽可能细致地将对流云进行识别与分类。

2.1.1　红外亮温阈值选取

利用 2010 年夏季 30 min 间隔的 FY-2E 卫星局地投影资料(等经纬距局地投影，空间分辨率为 0.05°×0.05°，空间范围为：80°—130°E、5°—50°N)，根据地理位置对研究区域进行划分，共分为七个区域(图 2.1)，分别为：20°N 以南的热带区域(1 区)，110°E 以西的中纬度(20°—40°N)地区(2 区)，华东和华南区(3 区)，120°E 以东的海面(4 区)，110°E 以西、40°N 以北的西北区(5 区)，华北区(6 区)以及东北区(7 区)。分区域进行亮温阈值的分析。

考虑到 0 ℃是冰-水转化的临界点，而－52 ℃(221 K)则能够识别出深对流(苏爱芳 等，2013)。因此，在 0 ℃(273 K)到－52 ℃(221 K)范围内以 1 ℃为间隔，统计不同阈值下所识别出来的云团个数，通过统计分析来选择合适的亮温值作为方法中的阈值。此外，由于不同区域的范围大小有差异，所识别出来的云团个数也存在不同。因此，为便于在同一张图上对不同区域的结果进行分析，对不同区内统计得到的云团个数进行归一化，用 0～1 的数值来表示不同亮温阈值得到云团数目。归一化云团数目(N_N)的计算方法如下：

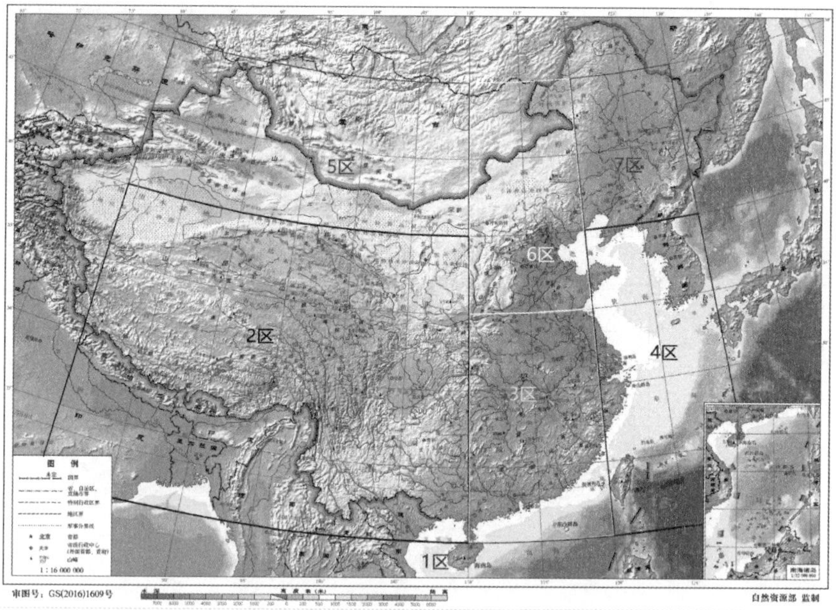

图 2.1　区域地理概况及分区示意图

$$N_N = \frac{N - N_{\min}}{N_{\max} - N_{\min}} \tag{2.1}$$

其中，N 表示不同亮温阈值得到云团数目，$N_{\max}$ 和 $N_{\min}$ 分别表示各区内不同亮温阈值划分云团时得到的云团数最大值和最小值。

图 2.2 是不同亮温阈值的识别统计结果。对于整个研究区域来说，阈值为 −13 ℃(260 K)左右时，识别出的云团数目最多。在亮温阈值低于 260 K 时，随着阈值亮温的升高，所识别出的云团数目逐渐增多；而当亮温阈值超过 260 K 以后，识别出的云团数目则随阈值的升高而减少。在七个分区域中，除 5 区和 6 区外，其余五个区域中不同亮温所识别出云团数目的变化规律与整个区域相同，只是云团数目最多所对应的亮温阈值有所差异，数值在 257～270 K 变动。在 5 区和 6 区，所识别出的云团数目随着阈值亮温的升高而逐渐增多。

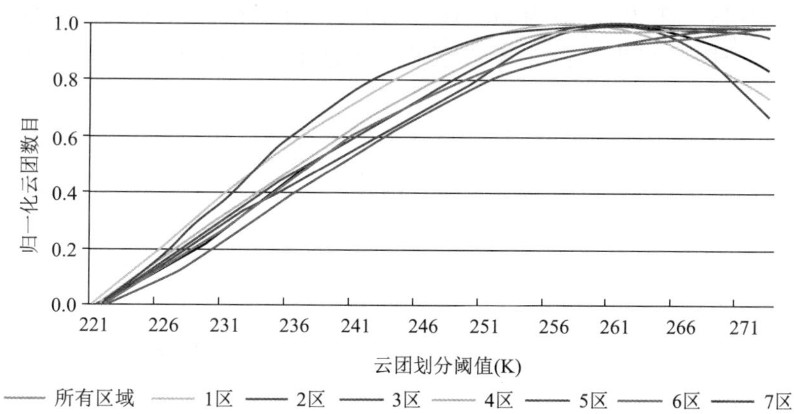

图 2.2　不同红外亮温阈值划分的归一化云团数目(彩图见书末附页)

其次，以云团尺度为标准分别统计不同红外亮温阈值识别出来的云团中，不同尺度云团平均个数以及所占比例。云团尺度划分依据(Orlanski,1975)为:α 大尺度:＞10000 km;β 大尺度:2000～10000 km;α 中尺度;200～2000 km;β 中尺度;20～200 km;γ 中尺度;2～20 km。这里所提及的云团尺度是指云团的最大纬向或者经向跨度。从结果(图 2.3)来看:

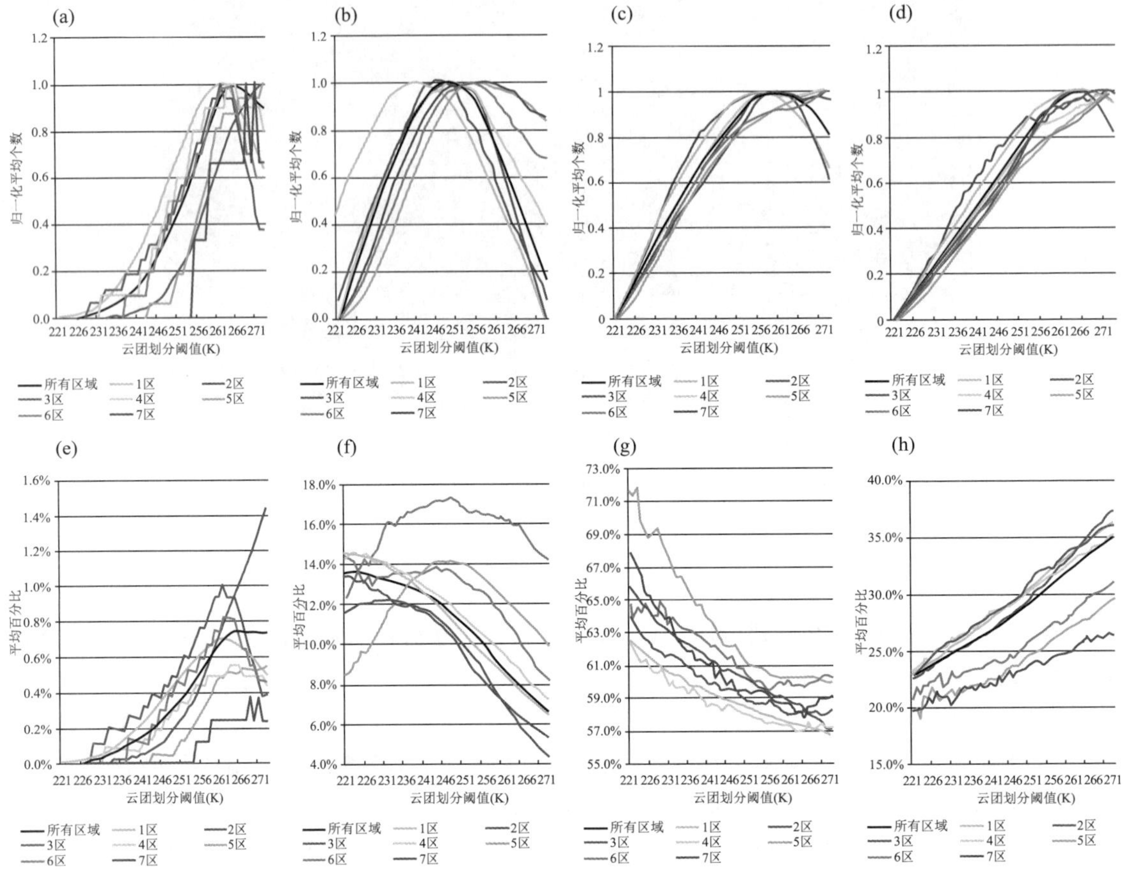

图 2.3 不同尺度云团归一化云团个数(a:大尺度;b:α 中尺度;c:β 中尺度;d:γ 中尺度)以及百分比(e:大尺度;f:α 中尺度;g:β 中尺度;h:γ 中尺度)(彩图见书末附页)

(1)对整个研究区域来说,阈值为 265 K 左右时,划分出的大尺度云团个数以及在所有云团中所占比例(百分比)均最大。在 2 区、5 区和 7 区这个亮温阈值上升到了 271 K 以上,其他区域的阈值在 260～265 K。

(2)以 260 K 为阈值来进行云团划分,虽然能够得到的云团个数最多,但是此时大尺度云团平均个数和百分比也处在峰值附近。而随着阈值的降低,大尺度云团会被逐渐分割为尺度更小的中尺度云团。因此,为减少在云团识别结果中出现大尺度云团的可能性,需要降低亮温阈值。当亮温阈值达到 241 K 时,各区域中大尺度云团的个数和百分比降低明显;阈值达到 221 K 时,将不会再识别出大尺度云团。

(3)在对整个研究区域的统计结果中,α 中尺度云团百分比最大出现在 224 K 附近,个数最多出现在 250 K 附近。亮温阈值低于 250 K 以后,一些尺度较大的云团因被分割成多个小云块,或者因为面积缩小而达不到 α 中尺度的要求,从而导致 α 中尺度云团个数的减少。但是,当阈值介于 224 K 到 250 K 之间时,α 中尺度云团的百分比却随亮温阈值的降低而升高,也就意味着识别出云团总数的减少要比 α 中尺度云团迅速。对于七个分区来说,1 区中个数最多对应的亮温值最低为 241 K,7 区中个数最多对应的亮温值最高为 258 K。百分比最大对应的亮温阈值出现了较大的差异,1～7 区的亮温阈值分别为 224、229、221、223、249、221 和 248 K。

(4)β 中尺度云团的百分比随亮温的升高而减小,个数分布特征与 α 中尺度相似。整个区域中识别出来的云团个数在 260 K 附近达到最大。1～7 区个数的峰值出现的位置有所不同,分别为 257、261、259、270、273、273 和 259 K。

(5)对于整个研究区域来说,γ 中尺度云团的平均个数在 267 K 附近达到最大,七个分区域的平均个数峰值对应的亮温也在 267 K 附近。γ 中尺度云团的百分比则随阈值的升高而增大。也就是说,亮温阈值越高,识别出的 γ 中尺度云团比例就越大。

从以上统计可以看出,采用 221 K 作为阈值时,能够避免识别出大尺度的天气系统,而仅保留中小尺度的云团信息。同时,221 K 阈值能够很好地识别出强对流中心(Maddox,1980;陈国春 等,2011),因此,选用 221 K 来进行第一级对流中心的识别。由于 241 K 的 TBB 包括了大气中比较弱的对流活动(Maddox,1980),为识别出弱对流,选用 241 K 为第二级判别阈值,用以识别出区域内存在的弱对流。从统计结果来看,对于整个研究区域来说,以 260 K 为阈值能够识别出最多的云团,而夏季存在着许多云顶亮温较高的初生对流系统,甚至有暖性对流的存在。因此,为尽可能多地识别出云团,选用 260 K 为第三级阈值。从分区域的统计结果中,还可以看出,不同地区第三级阈值的大小也存在一定的差异,1～7 区的阈值分别为 257、261、265、272、273、273 和 259 K。

由于缺少第一级阈值无法识别出强对流中心;而缺少第二级阈值则不能有效地识别弱对流;第三级阈值的缺少,则无法识别出初生对流和暖性对流。因此,这三个阈值的组合,可以识别出更多的对流系统,并对系统的属性进行划分。

2.1.2 识别方法流程

识别对流云团的流程如下:

第一步,选取 221 K(−52 ℃)作为阈值,以识别出强对流中心。

第二步,选取 241 K(−32 ℃)作为阈值进行对流云识别,并以 2 个像素点(50 km^2)为面积阈值剔除异常的点(面积小于该阈值的被视为异常点)。计算 11 μm 通道和 12 μm 通道的亮温差 $BTD_{11\text{-}12}$,并以 3.0 K 为标准,剔除卷云($BTD_{11\text{-}12}$ 大于 3.0 K 的区域,被认为是卷云区)(Schmetz et al.,1997;Toshiyuki,1997;陈国春 等,2011)。再以云团尺度为标准,把识别出的云团划分为若干个尺度。在识别出云团尺度后,删除符合大尺度标准的云系,并在 α、β 中尺度云团中搜索是否存在强对流中心。若存在则认为该云团属于对流系统,一旦 α、β 中尺度云团中不存在第一步识别出来的强对流中心,则认为该云团为厚层云而非对流系统,并将之剔除。

第三步,用亮温更高的阈值 260 K(−13 ℃)(对整个区域来说,260 K 为阈值能够识别出最多的云团)来进行识别,并采用第二步中相同的方法来进行剔除。

第四步,利用能够描述云团外形的因子——偏心率(e),以 0.2 为标准,对识别出的云团进行判别,以消除线状云。偏心率(e)有多种计算公式,其中简单的方法是用边界直径与相垂直短轴长度的比来作为偏心率,不过这种方法受物体形状和噪声的影响比较大。比较好的方法是利用整个云团的所有像素来进行偏心率计算,下面是一个由惯量推出的偏心率 e 公式(张铁中和魏剑涛,1999):

$$e=\frac{\sqrt{2\cdot\left(A+B+\frac{1}{\sqrt{(A-B)^2+4\cdot H^2}}\right)}}{\sqrt{2\cdot\left(A+B-\frac{1}{\sqrt{(A-B)^2+4\cdot H^2}}\right)}} \tag{2.2}$$

式中：$A=\sum_i y_i{}^2$，$B=\sum_i x_i{}^2$，$H=\sum_i x_i \cdot y_i$，(x_i, y_i) 分别表示云团中任意一点在云图上的横纵坐标。

第五步，计算每块云的中心，并在一定范围内（12 个像素点）搜索前后时次云图上可能存在的云块中心，根据相关程度确定前后时次中的同一云团。在进行对流云跟踪的基础上，计算云顶亮温在相邻时次的变化情况。并以半小时亮温降低超过 4 ℃ 作为对流云的识别标准（Mecikalski 和 Bedka，2006；刘京华 等，2012），来剔除那些因为尺度较小或部分被高云覆盖，而被误判为对流云的中低云。

第六步，根据云顶最低亮温、云团尺度以及形状，对识别出的云团进行分类，共计分为 18 种云类型，具体方法如下：

（1）形状分为扁形（偏心率 0.2～0.7）和圆形（偏心率＞0.7）；

（2）根据对流云团的尺度分为：α 中尺度（200～2000 km）、β 中尺度（20～200 km）和 γ 中尺度（2～20 km）；

（3）依据云顶最低红外亮温高低分为：弱对流（最低亮温高于－32 ℃）、对流（最低亮温介于－32～－52 ℃）和深对流（最低亮温低于－52 ℃）。

在计算过程中，以数值来表示识别对流云的类型，规则如下：形状类为百位（扁形：0；圆形：1），面积类为十位（α 中尺度：8；β 中尺度：6；γ 中尺度：2），最低亮温类为个位（弱对流：5；对流：7；深对流：9）。分类后，分别对 18 种类型的对流云赋予不同的色彩，云类型、数值以及色彩的对应关系如图 2.4 所示。

	扁形		圆形	
r中尺度	025	弱对流	125	弱对流
	027	对流	127	对流
	029	深对流	129	深对流
β中尺度	065	弱对流	165	弱对流
	067	对流	167	对流
	069	深对流	169	深对流
α中尺度	085	弱对流	185	弱对流
	087	对流	187	对流
	089	深对流	189	深对流

图 2.4　18 类对流云数值及其对应色彩（彩图见书末附页）

2.1.3　应用分析

2010 年 7 月 13 日，不仅我国长江流域存在一条东西向分布的梅雨锋；而且，在吕宋岛附近还存在一个热带低压系统（台风）。此外，在我国的海南岛和东北地区都有对流活动。由于 2010 年 7 月 13 日的云图上不仅我国的南北均有对流云系，而且还存在梅雨锋云系和台风云系，云系种类较为丰富。因此，利用 2010 年 7 月 13 日的 FY-2E 卫星云图，对上述对流云识别方法进行应用分析。在应用分析过程中，还分别选用 221 K、241 K 和 260 K 这三个阈值，利用单阈值法来进行对流云的识别，并将单阈值法的结果与多阈值法结果进行对比分析。

2010 年 7 月 13 日 01:30(世界时，下文均为世界时)的红外云图和相应地面降水分布如图 2.5 所示。从原始的红外云图(图 2.5a)来看，大致上存在五片云区，分为：①我国东北地区的小范围云系；②新疆到内蒙古一带的片状云系；③从青藏高原东部到日本岛附近存在的一条由多个不同尺度对流云团组成的梅雨锋云系；④南海及其西侧的对流云区；⑤菲律宾及其以东洋面上的台风云系。

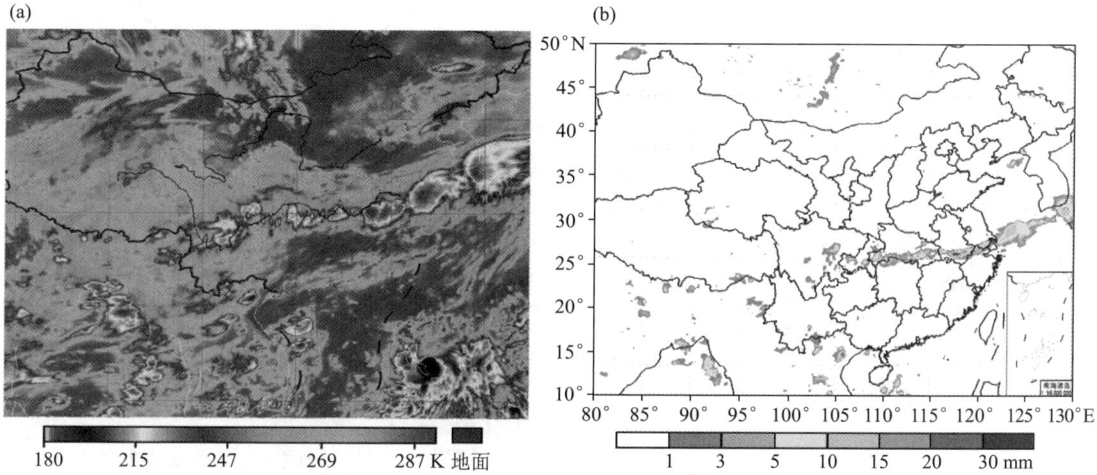

图 2.5　2010 年 7 月 13 日 01:30(世界时)的红外云图(a)和 01:00—02:00(世界时)地面累积降水量(b)

利用多阈值方法对 2010 年 7 月 13 日 01:30 的 FY-2E 卫星云图进行对流云识别，共识别出 230 块不同类型的对流云，其分布如图 2.6a 所示。从对流云的分布来看，在五片云区中均有对流云的分布。其中，我国东北地区的云系中，存在一个扁形的 α 中尺度深对流云和两个扁形的 β 中尺度对流云。新疆到蒙古国的片状云区中，仅出现了零星的 γ 中尺度对流云。对于梅雨锋云系来说，自西向东分布着尺度不同的对流云。空间分布上，在梅雨锋的西部，对流的尺度相对较小，以 β 中尺度的对流云为主。而在梅雨锋的东部，主要为 β 中尺度的对流系统。这也反映出了梅雨锋上对流系统主要在西部生成，并向东移动和发展。对于菲律宾及其以东洋面上的台风云系而言，中心区域以 α 中尺度深对流为主，在其四周零散地分布着 β 中尺度和 γ 中尺度对流云团。对于我国南海及其以西地区的季风区而言，分布着各种尺度的对流云。

利用 CMORPH 卫星反演降水产品和地面雨量计数据相结合的高分辨率(0.1°×0.1°，空间范围 15°—59°N，70°—140°E)逐时降水产品(潘旸 等，2012)，与对流云识别结果进行对比分析。从对流云的识别结果与地面降水的分布(图 2.5b，注：15°N 以南缺少降水信息)，可以发现在对流活动区域内出现不同程度的降水。也就是说，该方法能够有效地识别出对流性系统的云系。但是，朝鲜半岛南部及其沿海的大范围降水区，却未有识别出来的对流系统与之相对应。

图 2.6b 是以 221 K 为阈值进行对流云识别的结果，共计识别出 78 块对流云团。从对流云的分布来看，主要识别出了梅雨锋、台风等较大尺度系统的对流云团。对于分布较为零散的、云顶发展高度不高的云团，则不能够进行有效的识别。例如，图 2.6a 中在辽宁与吉林交界

处、山西南部、甘肃西部等地区出现的云顶亮温未超过 221 K 的对流云团，就未能被 221 K 为阈值的方法进行识别。而从地面降水分布来看，这些区域内均出现了强度不等的降水。因此，与 221 K 为阈值的阈值法相比，多阈值逐步识别方法能够识别出更多的尺度较小、云顶最低亮温未达到 221 K 的对流。

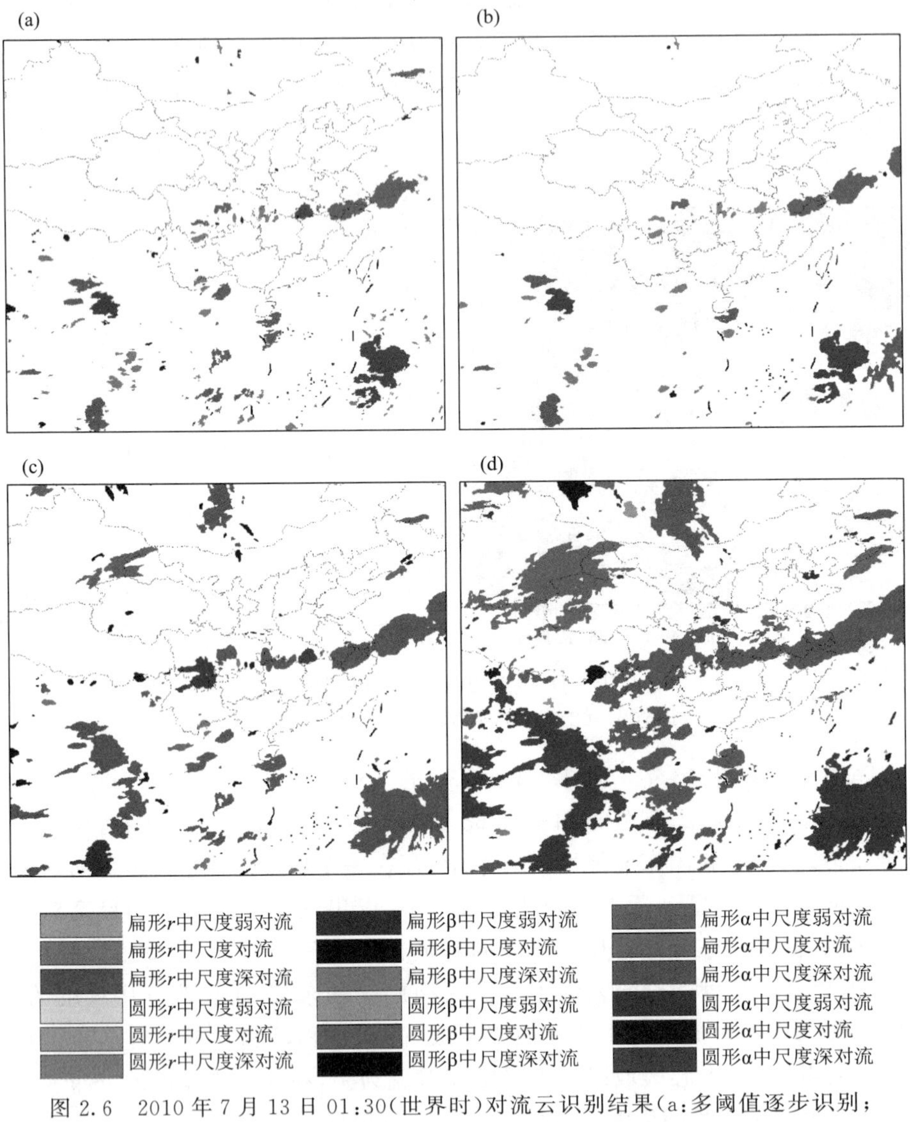

图 2.6　2010 年 7 月 13 日 01:30(世界时)对流云识别结果(a:多阈值逐步识别；b:以 221 K 为阈值识别；c:以 241 K 为阈值识别；d:以 260 K 为阈值识别)

图 2.6c 是以 241 K 为阈值进行对流云识别的结果，共计识别出 150 块对流云团。从结果来看，能够对梅雨锋和台风等大尺度天气系统所产生的云系行进行有效识别。但是却将一些卷云识别成了对流云。例如，从红外云图(图 2.5a)来看，台风云系的东部出现了大片的卷云区，在以 241 K 为阈值的单阈值方法识别结果中，该卷云区与台风云系连成了一体。另外，与多阈值方法相比，在新疆南部和四川南部，均多识别出了一个 α 中尺度对流云系。从地面降水可以看出，这两个区域内地面并未观测到降水。因此，图 2.6c 中错误地将这两块并未引起地面降水的卷云或者层云识别成了对流云。

图 2.6d 是以 260 K 为阈值进行对流云识别的结果，共计识别出 197 块对流云团。从识别出来的云系分布来看，以该阈值进行识别时，会将大量的卷云、层云识别为对流云，并且无法将对流云从大尺度云系中剥离出来。因此，以 260 K 为阈值的单阈值法虽然能够识别出云顶发展高度不高的弱对流云，但是无法对梅雨锋、台风这种大尺度天气系统的对流云活动进行有效的识别。

对多阈值方法以及分别以 221 K、241 K 和 260 K 为阈值的单阈值方法，进行对流云识别的结果进行统计。分别统计不同尺度和不同形状的对流云所占比例，结果如图 2.7 所示。不论是单阈值还是多阈值，识别出来对流云中，均以 β 中尺度的对流云为主。多阈值方法识别出的 β 中尺度对流云的比重为 57%，与 241 K 为阈值的方法识别出的 β 中尺度对流云比重相当。然而在对 γ 中尺度对流云的识别能力上，多阈值却比三种单阈值方法好，识别出来的 γ 中尺度对流云比例占到了 34%，比 221 K 为阈值识别出来的 γ 中尺度对流云比例高了 6%。在升高 γ 中尺度对流云比例的同时，α 中尺度对流云的比例也有所降低。多阈值方法识别出来的 α 中尺度对流云比例要低于任何一种单阈值方法的结果。从识别出来的云团的形状来看，不论何种方法均以扁形的为主，多阈值方法结果中扁形对流云的比例为 78%，介于 221 K 和 241 K 这两个阈值识别结果之间。

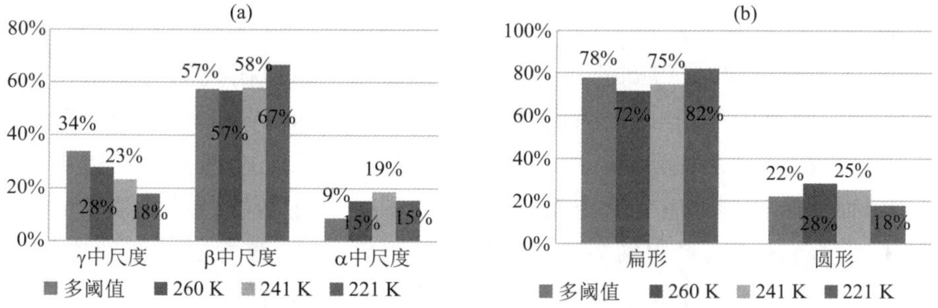

图 2.7　多阈值和单阈值方法识别出的各类对流云所占比例

(a)不同尺度对流云所占比例；(b)不同形状对流云所占比例

利用 2010—2011 年夏季(6—8 月)的高分辨率逐时降水产品，对该方法识别出的对流云所对应的降水情况进行定量化评估。在所统计的 6 个月中，只出现了 14 种类型的对流云，未出现云类型数值为 085、165、185 和 187 的三种对流云，也就是不存在扁形 α 中尺度弱对流、圆形 β 中尺度弱对流、圆形 α 中尺度弱对流以及圆形 α 中尺度对流。

通过对各种类型对流云中不同等级降水(小雨以上量级降水：≥0.1 mm/h，中雨以上量级降水：≥2.5 mm/h，大雨以上量级降水：≥8.1 mm/h，暴雨以上量级降水：≥16 mm/h)发生概率的统计(图 2.8)，可以看出：①降水发生概率与对流的强弱有较好的对应关系，弱对流的降水概率最小，深对流的降水概率最大；②扁形对流云的降水概率要小于圆形对流云；③对流云的尺度越大，出现降水的概率也就越大。总的来说，对于 α 中尺度的对流云来说，出现降水的概率都在 99%以上，而 β 中尺度和 γ 中尺度对流云中则有一部分并未出现明显降水。此外，在一些弱对流和对流中，也出现了暴雨等级的降水。黄勇等(2012，2014)的统计结果表明，仅采用单一亮温阈值来划分云层时，仅在亮温阈值低于 223 K 以后才在云层中发现明显的暴雨过程。这也就说明，该方法能够识别出那些云顶亮温高于 223 K，但产生暴雨的对流云。

基于多阈值的 FY-2E 对流云识别方法，综合了多个亮温阈值和形状因子来进行对流云的

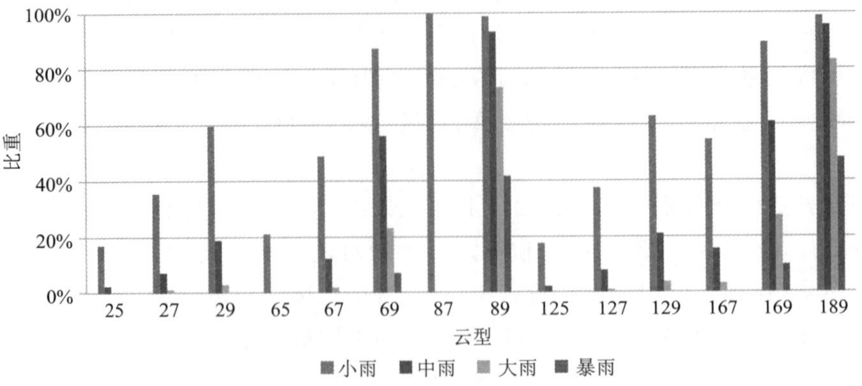

图 2.8　不同对流云中出现不同强度降水的概率

识别。在所选取的三个亮温阈值中，以 221 K(－52 ℃)为阈值，能够识别出强对流中心；以 241 K(－32 ℃)为阈值，能够将中尺度对流系统进行识别；而采用 260 K(－13 ℃)的阈值，则能够识别出最多的云团。因此，三个阈值的组合能够在有效识别出对流中心的基础上，发现更多的云顶亮温较高的初生对流或弱对流。此外，以偏心率 0.2 为阈值，能够通过形状的判别来消除线状卷云的影响，从而提高对流云的识别效率。

从个例分析结果来看，该方法比分别采用 221 K(－52 ℃)、241 K(－32 ℃)和 260 K(－13 ℃)为阈值进行识别时，得到的对流云数目都要多。与地面观测的降水相比，该方法还能够识别出一些空间范围小，且降水强度较小的阵性降水。但是，该方法未能识别出朝鲜半岛南侧的产生强降水的对流系统云系。由于该对流系统的云系处在图像的东边界，且图像中只有一半的云系，而并未监测到整个对流系统，因此在外形上并不符合对流系统的阈值标准，也就使得多阈值方法将这一云系识别为层云而剔除。也就是说，该方法对图像边界上对流云的识别能力有所不足。从识别出来的各种尺度和形状对流云所占比例的统计结果来看，与其他阈值方法总体分布特征相似，只是在具体的数值上有所偏差。

从天气系统来看，该方法不仅能够对梅雨锋、台风等大尺度云系中的对流系统进行有效识别，而且还能从大范围的片状云系中，将中小尺度的对流系统检测出来。

最后，从 2010 年和 2011 年夏季(6—8 月)对流云识别结果及其与降水的统计结果来看，不存在扁形 α 中尺度弱对流、圆形 β 中尺度弱对流、圆形 α 中尺度弱对流以及圆形 α 中尺度对流。另外，该方法能够识别出那些云顶亮温较高，但产生暴雨的对流云。

总的来说，多阈值对流云识别方法，能够充分利用各个阈值的优势，尽可能多地识别出对流云。

2.2　对流云跟踪方法

20 世纪 70 年代开始，出现了人机交互系统和基于多种特征量的自动跟踪系统(Endlish et al.，1971；Smith，1975；Dixon 和 Wiener，1993；白洁 等，1997；Johnson et al.，1998；方兆宝 等，2004；王敏和韩雷，2010；费增坪 等，2011)，用来进行对流云团的有效跟踪和预报。主要采用重叠度法(Johnson et al.，1998)来进行对流云的跟踪。同时，以亮温的相关系数最大(白洁 等，1997)为标准来寻找云团中心在前后时次的空间位置，以此来估算云图的初始移动速度。

方法流程如图 2.9 所示。

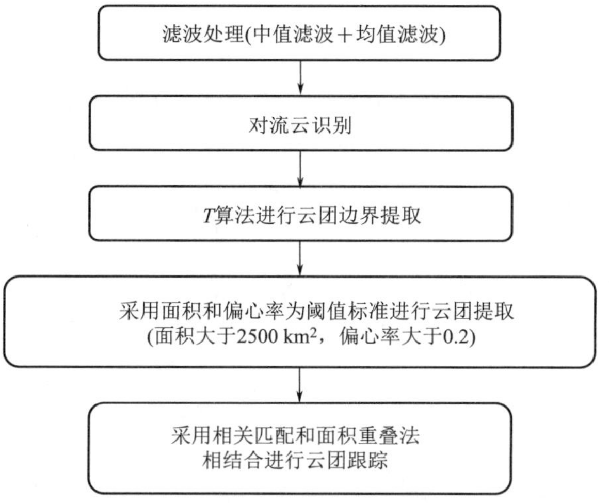

图 2.9　算法流程图

2.2.1　对流云提取

考虑到静止气象卫星云图上可能存在着一些干扰和噪声点，而这些干扰和噪声点的存在会降低卫星云图的质量。因此，在进行对流云识别之前需要对干扰和噪声点进行处理(白洁 等，1997)。在采用 3×3 区域的 9 点中值滤波法来去除异常点的基础上，再次选用均值滤波平滑法来进行图像的平滑，以消除干扰和噪声点的影响。

均值平滑公式为：

$$x_{m,n}=\frac{1}{9}\sum_{i=-1}^{1}\sum_{j=-1}^{1}x(i+m,j+n) \tag{2.3}$$

经过平滑滤波后，云图中除了有对流云团外，还会有混杂有其他的云团或云系。而这些云团或云系的存在会给对流云的识别和跟踪带来困难。因此，首先进行对流云的识别；其次将经过处理后的对流云分布图进行二值化，即非云区值赋为 0，云区值赋为 1，再用计算机图像处理学轮廓编码法中的 T 算法(白洁 等，1997)提取出强对流云团的边界；最后结合云团的面积和形态信息来进行强对流云团的提取。

2.2.2　对流云跟踪

在云团跟踪方面主要采用面积重叠法(Johnson et al.，1998)来进行云团的跟踪。为加快面积重叠法在云图初始移动速度计算，设计了在采用相关匹配法来进行云团初始移动速度计算的基础上，再进行面积重叠度的云团跟踪方法。具体方法为：首先确定需要进行跟踪的云团，提取出云团的几何中心。以云团几何中心为中心选取具有一定纹理可以进行相关匹配计算的小区域(9×9)，在前后连续的云图中进行相关匹配计算。搜索出最佳相关区域后，根据两区域中心点的位移来确定云团的移动速度。然后再采用面积重叠法来进行自动跟踪。

面积重叠法原理如图 2.10 所示，在通过相关匹配技术获取云团移动速度的基础上，虚拟地将云图(云图 C)移动至未来最有可能出现的位置($\widetilde{C}$)，此时可以计算虚拟移动后云图 $\widetilde{C}$ 与真实云图中各云团（云团 C'）的重叠面积 $A(\widetilde{C}\cap C)$，并以此计算重叠度 $\mathrm{ovl}(C,C')=\frac{A(\widetilde{C}\cap C)}{\min\{A(C),A(C')\}}$，设定重叠度阈值 τ_{ovl} 为 0.5，当重叠度大于 τ_{ovl} 时认为是同一云团。如图 2.10b 中所示由于 $\mathrm{ovl}(\tilde{2},1')<\tau_{\mathrm{ovl}}$，故不认为云团 $1'$ 与 $\tilde{2}$ 为同一云团。

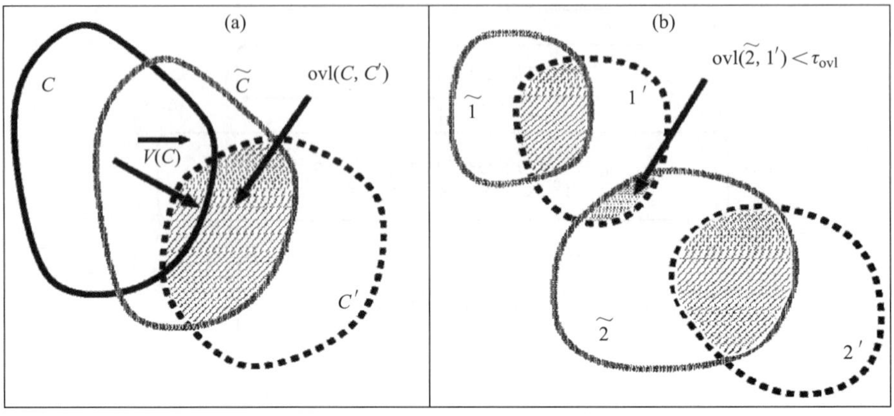

图 2.10　面积重叠法示意图(Johnson et al.，1998)

(a)对应单个可能的下一时次云图；(b)对应多个可能的下一时次云图

2.2.3　应用效果

图 2.11 为利用上述跟踪方法得到的 2001 年 5 月出现的两次中尺度对流系统合并发展的过程。其中第一个过程能够较好地监测出对流云发展过程中的第一次合并，而对云团的第二次合并却未能监测出来。第二个过程的监测则较为成功，能够实现对整个对流云合并发展过程的有效监测。因此，从这两个例子中可以看出，结合了相关匹配与面积重叠度的跟踪方法能够对卫星云图上对流云发展过程中的合并进行有效监测。

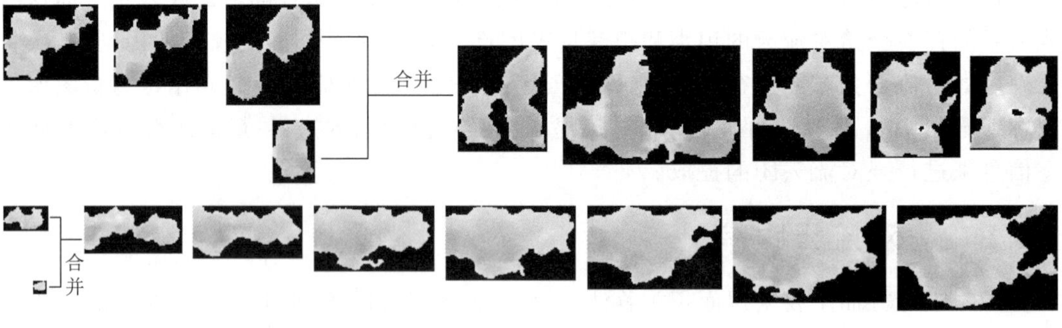

图 2.11　2001 年 5 月两次中尺度对流过程监测

图 2.12 为利用上述跟踪方法对 2008 年 7 月对流云初识地的空间分布。从分布上可以看出，对流云初识地的分布呈现明显的地域特征。高发区位于青藏高原南部以及淮河流域和长江中游流域。

从以上分析可以看出，结合了相关匹配与面积重叠度的对流云跟踪方法能够有效地进行对流云的跟踪，并且对云团的合并进行有效的监测。从对 2008 年 7 月的对流云普查结果来看，该方法得到的对流云分布特征与已有研究成果(郑永光 等，2008a，2008b，2010；祁秀香和郑永光，2009）中所提及的利用 TBB≤221 K（−52 ℃）来进行对流云普查的分析结果极其相似，可以认为这一方法是一种有效的对流云跟踪方法，而且该方法省略了单用面积重叠度法所需要的初始移动速度估算，在应用上更为方便。

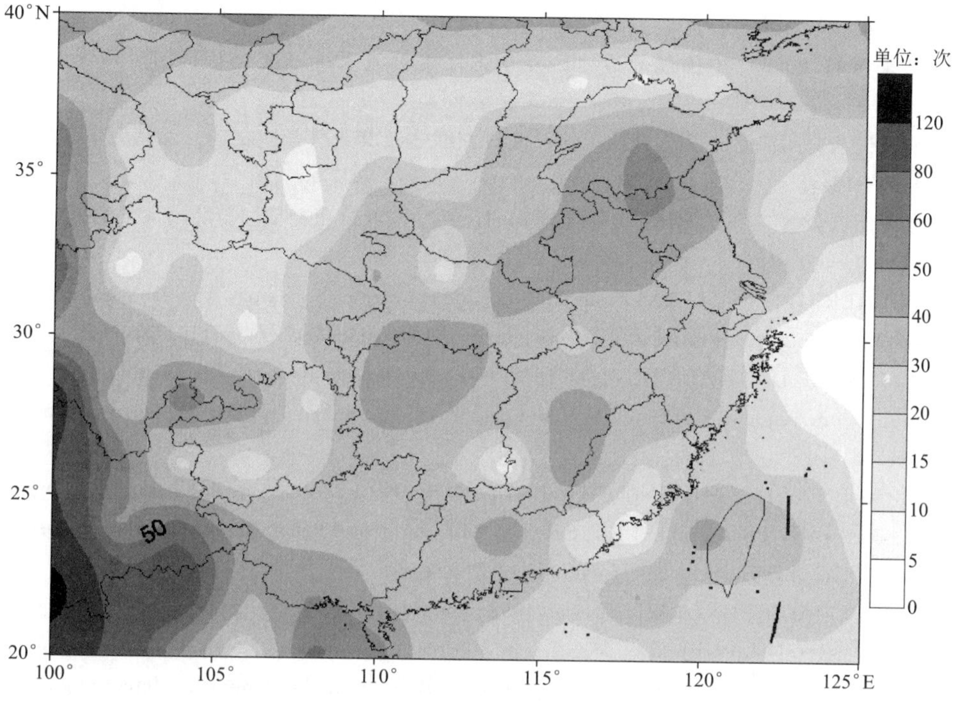

图 2.12　2008 年 7 月对流云出现初识地空间分布

参考文献

白洁，王洪庆，陶祖钰，1997. GMS 卫星红外云图强对流云团的识别与追踪[J]. 热带气象学报，13(2)：158-167.

陈刚毅，丁旭羲，赵丽妍，2005. 用模糊神经网络自动识别云的技术研究[J]. 大气科学，29(5)：837-844.

陈国春，郑永光，肖天贵，2011. 我国暖季深对流云分布与日变化特征分析[J]. 气象，37(1)：75-84.

《大气科学辞典》编委会，1994. 大气科学辞典[M]. 北京：气象出版社 .

方兆宝，林珲，吴立新，等，2004. 用改良的面积重叠法自动跟踪中尺度对流系统的试验研究[J]，大气科学，28(4)：634-640.

费增坪，王洪庆，张焱，等，2011. 基于静止卫星红外云图的 MCS 自动识别与追踪[J]，应用气象学报，22(1)：115-122.

黄勇，张文建，郁凡，2012. 基于图像熵的卫星云图分类方法[J]，大气科学学报 . 35(5)：622-639.

黄勇，刘慧娟，翟菁，等，2014. 基于多阈值的 FY-2E 对流云识别方法[J]. 遥感技术与应用，29(6)：915-922.

刘健，2010. FY-2 云检测中动态与之提取技术改进方法研究[J]，红外与毫米波学报，29(4)：288-292.

刘京华，王彬，韩雷，等，2012. 京津地区一次强对流天气的初生预警技术研究[J]，北京大学学报（自然科学版），48(1)：42-46.

潘旸，沈艳，宇婧婧，等，2012. 基于最优插值方法分析的中国区域地面观测与卫星反演逐时降水融合试验[J]，气象学报，70(6)：1381-1389.

祁秀香，郑永光，2009. 2007 年夏季我国深对流活动时空分布特征[J]，应用气象学报，20(3)：286-294.

苏爱芳,银燕,吕晓娜,等,2013. 黄淮西部地貌过渡区深对流云的时空特征及其天气意义[J],气象学报,71(3):383-396.

王敏,韩雷,2010. 基于 FY-2C 卫星的暴雨云团自动预警方法[J],计算机工程,36(14):241-242.

张铁中,魏剑涛,1999. 蔬菜嫁接机器人视觉系统的研究(Ⅱ)——用解析几何方法检测南瓜苗生长点[J],中国农业大学学报,4(4):48-50.

郑永光,陈炯,朱佩君,2008a. 中国及周边地区夏季中尺度对流系统日变化特征[J],科学通报,53 (4):471-481.

郑永光,陈炯,葛国庆,等,2008b. 梅雨锋的天气尺度研究综述及其天气学定义[J],北京大学学报(自然科学版),44(1):157-164.

郑永光,王颖,寿绍文,2010. 我国副热带地区夏季深对流活动气候分布特征[J],北京大学学报(自然科学版)网络版,46(1):19-30.

DIXON M,WIENER G,1993. TITAN:Thunderstorm Identification,Tracking,Analysis,and Nowcasting—A Radar-based Methodology[J]. Journal of Atmospheric and Oceanic Technology,10:785-797.

ENDLISH R M,WOLF D E,HALL D J,et al,1971. Use of a Pattern Recognition Technique for Determining Cloud Motions from Sequences of Satellite Photographs[J]. Journal of Applied Meteorology and Climatology,10:105-117.

FUJITA T,BRADBNRY D L,MURINO C,et al,1968. A Study of Mesoscale Cloud Motions Computed from ATS-I and Terrestrial Photographs[R]. Satellite Meso-meteorological Research Project Research Paper No. 71,Dept. of Geophysical Sciences University of Chicago.

JOHNSON J T,PLMAC KEEN,A WITT,et al,1998. The Storm Cell Identification and Tracking Algorithm:An Enhanced WSR-88D Algorithm[J]. Weather and Forecasting,13(3):263-276.

MADDOX R A,1980. Mesoscale convective complexes[J]. Bulletin of the American Meteorological Society,61(11):1374-1387.

MECIKALSKI J R,BEDKA K M,2006. Forecasting Convective Initiation by Monitoring the Evolution of Moving Cumulus in Daytime GOES Imagery[J]. Monthly Weather Review,134(1):49-78.

ORLANSKI I,1975. A Rational Subdivision of Scales for Atmospheric Processes[J]. Bulletin of the American Meteorological Society,56(5),527-530.

SCHMETZ J,TJEMKES S A,GUBE M,et al,1997. Monitoring Deep Convection and Convective Overshooting with METEOSAT[J],Advances in Space Research,19(3):433-441.

SMITH E A,1975. The McIDAS system[J]. IEEE Trans. Geosci. Electron GE-13. 123-136.

TOSHIYUKI KURINO,1997. A Satellite Infrared Technique for Estimating "Deep/Shallow" Precipitation [J],Advances in Space Research,19(3):511-514.

第3章　夏季对流云合并统计特征

江淮流域地处我国东部，位于南北气候过渡带之中，受东亚季风影响显著，经常发生暴雨、冰雹等灾害性强对流天气。为了解流域内对流云合并的时空分布规律，利用多年的静止气象卫星云团资料，对江淮流域内夏季的对流云合并过程进行主客观相结合的普查，分析合并对云体面积、强度和生命史的影响，了解合并过程的规律。在人工普查对流云合并的基础上，利用静止气象卫星资料对夏季江淮流域的冰雹和暴雨过程中的合并现象进行分析，统计这些过程中对流云合并的特征和差异。

3.1　对流云合并统计特征

所用卫星资料为2001—2009年夏季(6—8月)逐小时的静止气象卫星红外分裂窗(10.5～12.5 μm)数据(包括了GMS-5和FY-2气象卫星的数据)，卫星云图资料的缺失率约为5%，主要集中在2004年。

图3.1为2006年8月23日，发生的一次对流云合并过程。04:01(世界时)云图上出现两个小云团A和B。半小时后的云图上这两小云团已经合并形成云团C，此时在云团C的东北侧新生了一个小云团D。虽然云团C和D相距不远，但它们并未立即合并，而是各自发展。在06:01云图上C、D已合并形成云团E，并且在云团E的西南角又新生了小云团F。由于F紧贴E而新生，因此它迅速被E所吞并。08:01在E东南部又新生了一线状云团J。1 h后(09:01)云团E结构开始松散，线状云团J则继续发展。09:34的云图上，云团E与J已经相连接形成新的云团L。虽然云团L为E与J连接而成，但随后并未发生真正的合并。10:01云团L中分裂出一小云块，其实为原先的云团J，而此时的云团L即为原先的云团E，也就是说虽然在09:34云团E与J出现了连接，但是两者并未合并增强，而是一同逐渐消散。从图中还可以看出，07:34开始，另一对流云合并过程开始，在云图中表现了两云团G和H。08:01两云团合并演变为新云团I。08:34在云团I的东北侧出现云团K，两者独自发展1 h后合并成云团N。随后N增强发展，直至12:34云团结构开始松散进入消亡阶段。

在卫星云图上对流云合并的普查过程中，首先，进行卫星云图上对流云团的识别，这里提到的对流云是指在卫星云图上云顶亮温低于260 K、云区内最低亮温低于241 K(−32 ℃)，且在时间上连续的几幅云图中能表现出发展或衰亡变化的云块。然后，以云块合并后是否立即分裂为标准，人工找出对流云合并过程，并提取出过程中信息，包括：合并地点(经度和纬度)、时间以及合并过程的简单描述。在此基础上，进行对流云的识别，对合并过程进行跟踪，从而确定合并云团参数的变化特征。

3.1.1　空间分布特征

采用上述方法进行对流云合并过程统计，合并地点的空间分布如图3.2b所示。从图中可

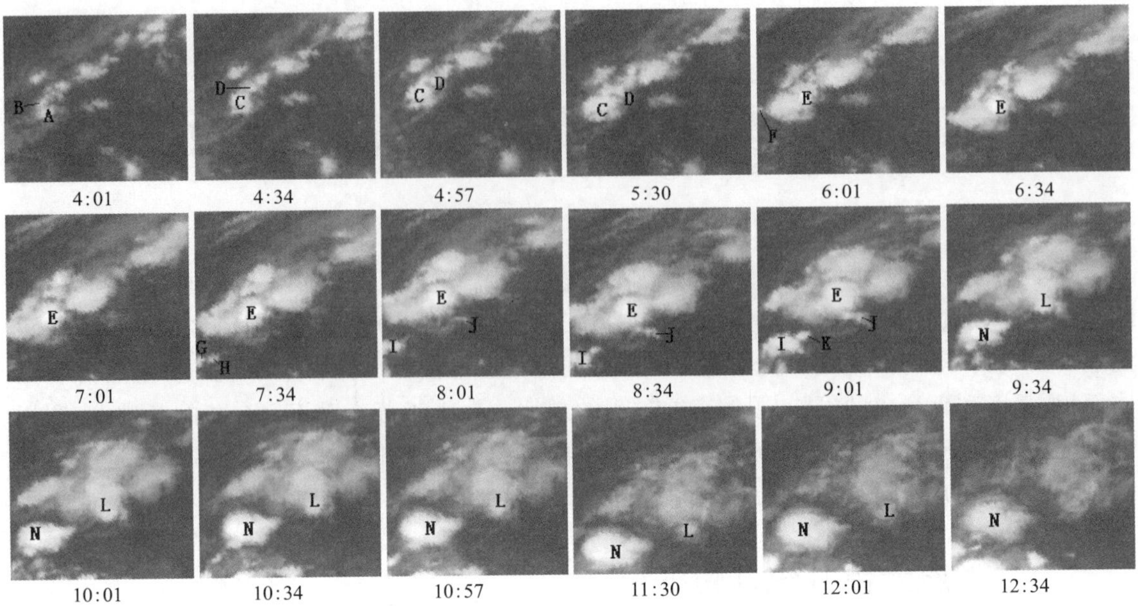

图 3.1　2006 年 8 月 23 日对流云合并过程卫星红外云图(世界时)

以看出,区域内存在三个合并频发区和一个密集带。三个频发区分别位于大别山区及其北侧,皖南山区和洪泽湖—皖东丘陵区域,在普查时段内这三个区域中发生的合并次数分别占到了所有合并次数的 28%、23%和 16%。此外,在从合并地点的分布图中还可以看出,沿着长江有一条呈西南—东北向的合并密集带。

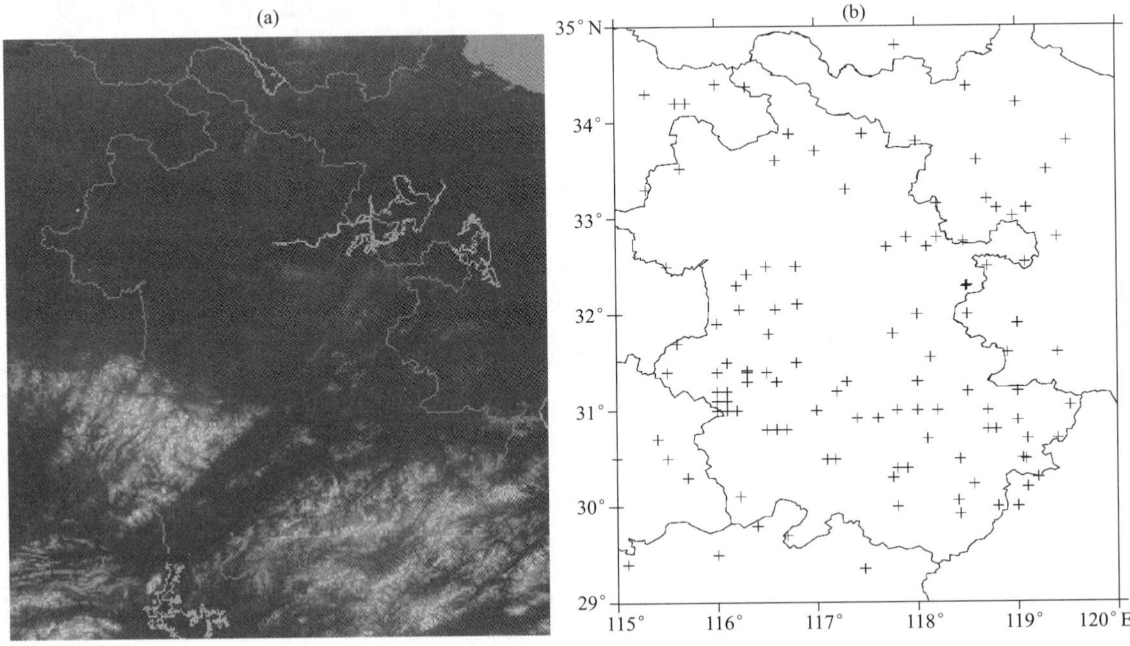

图 3.2　地形区(a)和对流合并地点分布(b)

在地形地貌上,大别山区和皖南山区为研究区域内海拔最高的两大山区,而洪泽湖为最大的湖泊并在其周边分布有一些丘陵,特殊的地形有利于在这些地区产生中尺度对流系统并发展，属于容易引发中尺度对流系统的地形。此外，沿长江的合并密集带也说明长江对合并有着一定的影响。综合而言，对流云合并的空间分布与中尺度地形之间有很好的对应关系。

为了解区域内对流云的基本状况，利用夏季(6—8 月)的 FY-2C 和 FY-2E 卫星资料，对江淮流域及其周边地区(115°—120°E，29°—35°N)的对流云空间分布特征进行分析。

从多年平均的 FY-2 卫星红外 1 通道亮温 T_{IR1}(中心波长 11 μm)的空间分布(图 3.3a)来看，研究区域内主要有两个低亮温区域，分别位于安徽西部的大别山区和南部的皖南山区，而洪泽湖—皖东丘陵区域为高亮温区。也就是说区域内两个山区的云系要多于其他区域，而在洪泽湖—皖东丘陵区域云系相对较少。对比合并点的分布来看，大别山区和皖南山区的对流云合并高发区位置要比 T_{IR1} 低值区偏北；而洪泽湖—皖东丘陵区域的合并点则位于 T_{IR1} 高值区。对于区域内 T_{IR1} 数值最低的区域“江西—安徽—浙江三省交界处”，却鲜见对流云合并点。

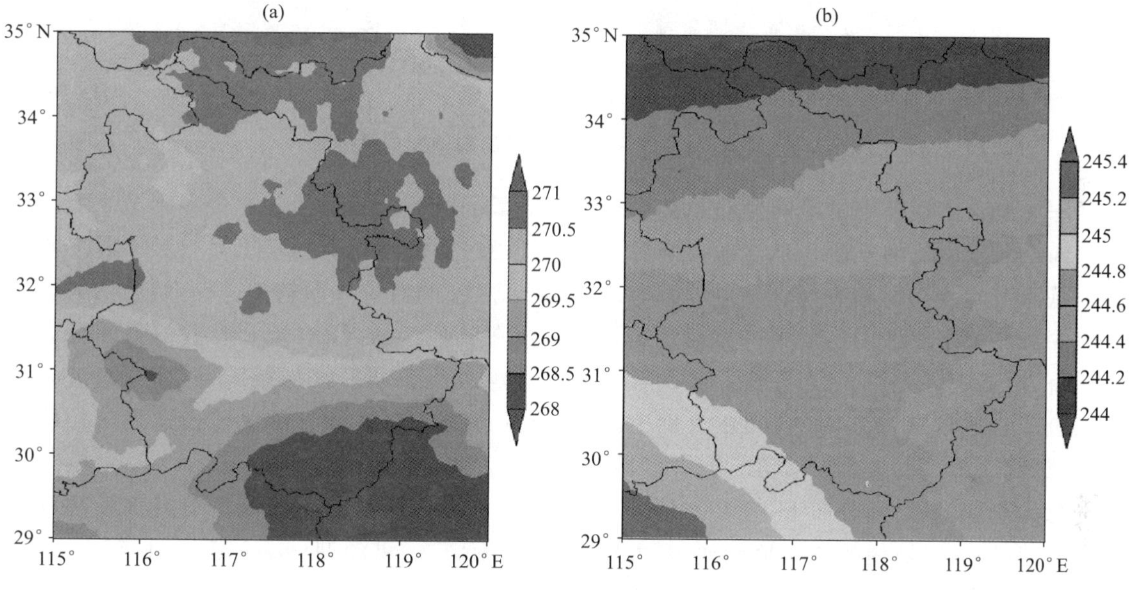

图 3.3　红外 1 通道(a)和水汽通道(b)的多年平均亮温分布(单位：K)

从多年平均的水汽通道亮温 T_{WV}(中心波长 6.7 μm)的空间分布(图 3.3b)来看，总体上呈“南高，北低”的空间分布，西南部是区域内水汽通道亮温值最高的区域。T_{WV} 的空间分布与合并之间无明显关系。

分别以红外亮温低于 241 K(−32 ℃)和 221 K(−52 ℃)为标准，来识别对流云和深对流云(郑永光 等，2007)。对于研究区域内的各网格点，逐一计算红外亮温低于 241 K 和 221 K 的出现频率，并以红外分裂窗亮温差大于 3.0 K 为标准(大于 3.0 K 为卷云)，去除卷云的影响(Schmetz et al.，1997；Toshiyuki，1997；陈国春 等，2011)。

从结果来看，对流云出现频率的空间分布(图 3.4a)总体上呈“南高北低”特征。皖南山区及其东南侧和大别山区仍然是对流云出现频率高的区域。洪泽湖-皖东丘陵虽然比周边的云系要少，但是对流云出现的概率却并不低于周边地区。另外，沿(长)江合并密集带恰好位于对流云高发区的西北部；在巢湖附近也出现了一个对流的高发区。因此，合并点的分布与对流分布之间对应关系较好，合并多发的区域均为对流多发区(区域内出现频率最高的区域，或对流出现频率高于周边区域)。

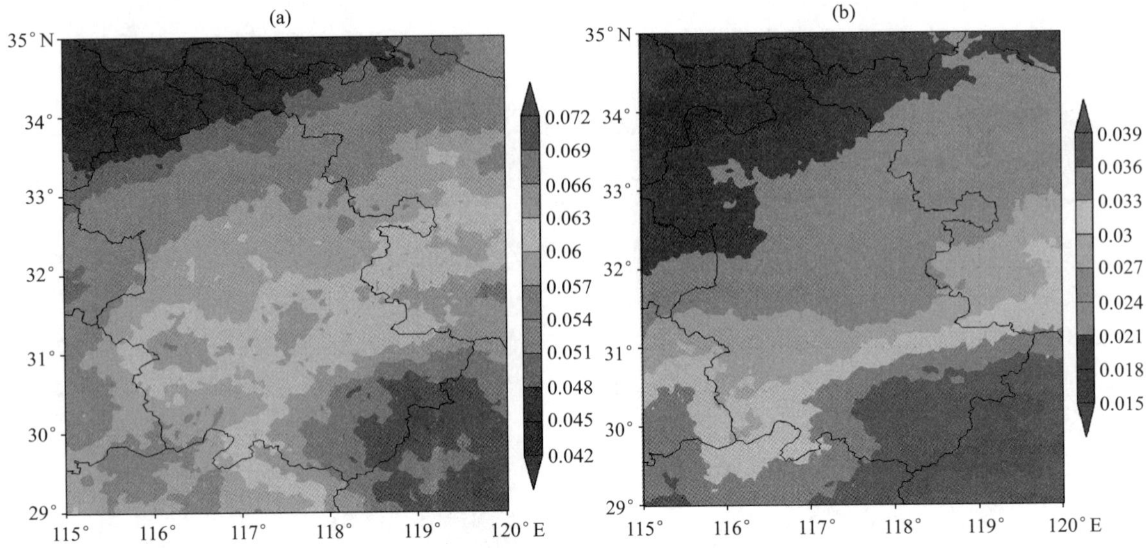

图 3.4　对流云(a)和深对流云(b)出现频率的空间分布

深对流云出现频率的空间分布总体呈现南高北低的特征。深对流云出现频率最高的区域为皖南山区东南侧的安徽—浙江两省交界处。大别山区西南部的深对流云发生频率高于东北部。从深对流云空间分布与合并点的分布来看,两者之间的对应关系较差,只有皖南山区东南侧的深对流云多发区内出现了许多对流云合并。而在其他区域,深对流和合并的空间分布差异显著,主要表现为:①皖东丘陵一带的合并点位于深对流云高发区的西北部,即深对流云高发区位于合并区域的东南侧;②在大别山区域,合并点的分布区域与深对流云高发区相比偏北,即深对流云高发区位于对流云合并区域的西南侧。

总的来说,在空间分布上,合并与地形、对流之间的对应关系较好。三个合并高发区和一个密集带,均为区域内的特殊地形地貌(大别山区、皖南山区、洪泽湖—皖东丘陵、长江)。皖南山区和大别山区云系多,对流频发,但合并点位置并未与云区重合,合并位置偏西偏北,即在大别山区西北侧、皖南山区北侧及沿(长)江为对流云合并高发区。在云系不多的洪泽湖-皖东丘陵附近,对流发生频率高,且存在许多对流云的合并,即合并与对流之间存在较好的空间对应关系。

3.1.2　时间分布规律

统计夏季逐旬的对流云合并的频率分布(图 3.5),从结果可以看出,7 月下旬为合并发生频率最高,在时间分布上面表现为一个明显的峰值(超过 20%)。与气候统计的雷暴逐旬变化相比,两者有着很好的一致性对应关系。只是在 7 月中旬对流云合并次数出现了一个弱的减少,而雷暴在这一时期内仍然表现出增多的趋势。

每年 6 月中下旬到 7 月上旬,冷暖空气在江淮流域交汇,造成流域内出现持续的阴雨天,即江淮梅雨。梅雨是东亚季风自南向北推进过程中产生的雨季,是东亚大气环流由春到夏过渡季节的产物(Tao et al.,1987;陶诗言,1980;Ding,1992;斯公望,1994;《大气科学辞典》编委会,1994;周曾奎,1996;丁一汇 等,2007)。梅雨期后,江淮流域进入夏季,主要的天气系统也发生了改变。江淮梅雨是一个多尺度天气系统共同作用的结果(刘建勇 等,2011),不仅有梅

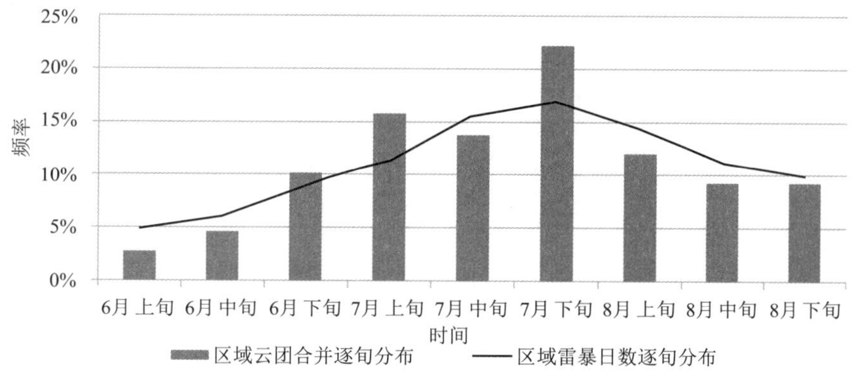

图 3.5　夏季合并过程数与雷暴日数的逐旬频率分布

雨锋这种天气尺度的系统，而且还有中尺度对流系统、突发性强对流等中小尺度系统。正是这些中小尺度系统的存在和相互作用，才使得梅雨区内出现了局地性强的暴雨(斯公望，1989；刘黎平等，2004；覃丹宇和方宗义，2006；孙晶 等，2007；郑永光 等，2008；Ping et al.，2014)。因此，6 月下旬到 7 月上旬的合并频率主要反映出梅雨期内对流系统的相互作用。随着梅雨减弱和结束，对流云团的合并活动频次出现了一个短暂相对减少(7 月中旬)。副热带高压影响和控制江淮流域以后，流域内的对流活动再次增多，且以局地生消的对流云为主(黄勇 等，2008)。江淮流域内增多的对流活动，也就使得对流合并在 7 月下旬又出现了峰值。

图 3.6 为对流合并过程中初始、合并、成熟以及消散四个阶段在一天中不同时段出现的频次。其中：初始阶段为卫星红外云图能够识别出云团的时刻；合并开始阶段表现为卫星红外云图上合并对流云之间不存在距离，云系已经并在一起；成熟阶段在云图上表现为云顶亮温最低；消散阶段为云团结构开始松散，面积开始减小出现分裂的时刻。

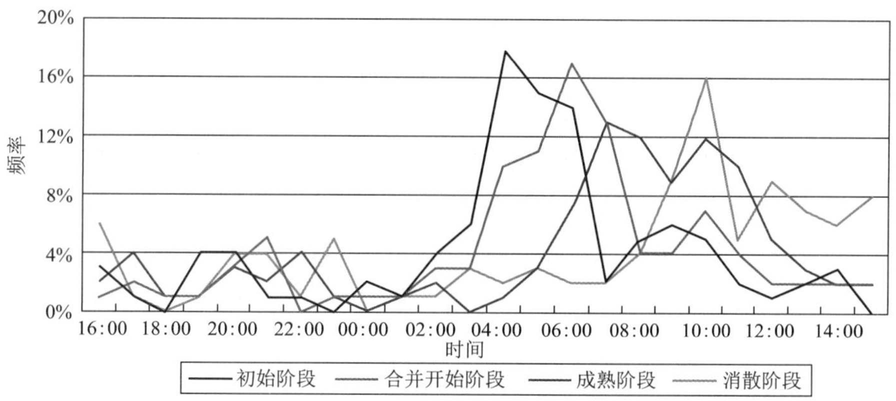

图 3.6　合并对流云不同生命周期出现频率的日变化(世界时)

从图 3.6 中可以看出：①通常在上午 02:00(世界时，下同)时，开始出现对流云的初生和发展，中午(04:00)达到对流云发生的高峰期，所占比例为 18%。②对流云合并开始增多的时间与对流初生开始增多的时间相近，但是对流云合并出现峰值的时间要晚约 2 h，也就是在 06:00 合并的发生开始出现峰值，频率超过了 16%；之后一直到 08:00 合并发生频率迅速降低，达到一个低谷；10:00 以后频率再次缓慢减低到 12:00 达到一个最低值。③成熟阶段的频率分布峰值出现在 07:00，与合并阶段的峰值相比延后了一小时，也就是说，在合并后的 1 h 内云团就达到了成熟阶段，云团发展迅速。④云团消散阶段的峰值出现在10:00，而后迅速下降在随之又上升，呈现波动变化。

从对流云合并与雷暴发生的频率日变化分布（图3.7）可以看出：①02:00以后合并和雷暴同时开始增多，只是增多的速率有所不同，合并的增多速率要快于雷暴；②在合并峰值出现的2 h以后（08:00），雷暴的发生才达到峰值。也就是说，一些对流云在合并以后要经历约2 h的时间才出现雷暴，即对流云发展成熟以后约1 h才产生雷暴。

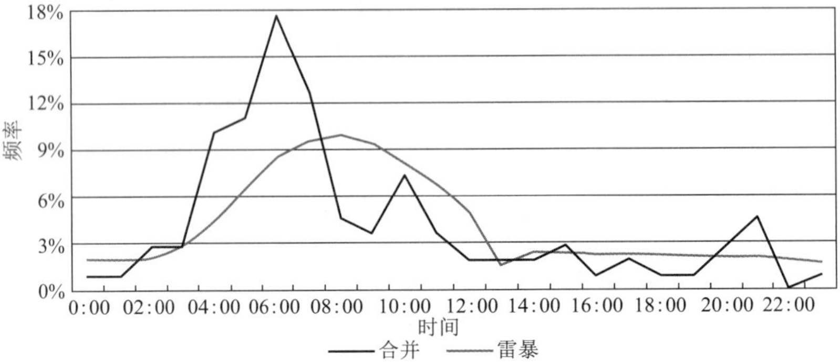

图3.7　合并与雷暴发生的频率日变化（世界时）

3.1.3　合并分类

合并分类可以根据不同的标准来进行，如刘慧娟（2009）根据回波合并次数的多少，将合并分为单次合并和多次合并。然而，对于卫星云图上的对流云团合并而言，却还缺少相关的统计和分类。

考虑到对流云合并的形式多种多样，有两个独立云团之间的合并，也存在着多个云团的同时合并以及在不同时间的多次合并。本书依据合并云团的数目以及合并次数这两个指标，来进行合并过程的分类，共分为四类：A型、B型、AB型和C型。其中：A型代表两个云团的合并过程；B型代表多个云团的合并过程；AB型代表先有两个云团合并再与其他云团合并的过程（如图3.1所示过程）；C型代表其他的不规则合并过程。

图3.8为2006年6月19日的一次典型A型对流云合并过程。10:00在气象卫星红外云图上出现两个云顶温度不太低的云团A和B。在11:00云图上，可以看出云团A和B均有不同程度的发展，云团B的面积要大于云团A；相对于10:00而言，两云团间距缩小。随后两云团继续发展，间距也不断缩小，在12:00开始合并。在13:00云图上云团A和B已经合并形成一个大云团C。这一对流云合并过程为云团A和B合并形成更大的云团C，因此为典型的两个独立云团之间的合并。

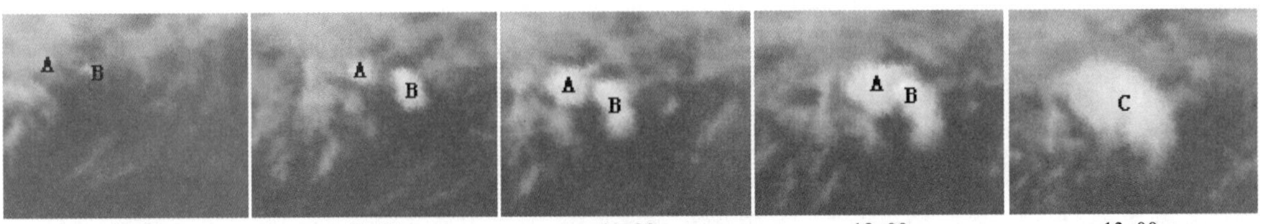

图3.8　2006年6月19日对流云合并过程卫星红外云图（世界时）

图 3.9 是发生在 2006 年 7 月 29 日的一次 B 型对流云合并过程的卫星云图。04:57 开始出现三个小云团 A、B 和 C。06:30 在云团 A 的西侧新生云团 D，随后四个云团独立发展。07:34 云图上四个云团的云系开始连接，但云团 D 的结构已经松散呈现出消散的特征。08:01 的云图上 A、B、C 三个云团已经合并形成新的云团 E，虽然云团 D 也与 E 相连接，但是由于云团 D 已经消散故不视为合并，因此，认为这一次合并过程是 A、B、C 三云团的合并。合并后云团 E 继续发展直至 11:30 云团结构松散，开始消散。在云团 E 的发展过程中，其西侧新生了两对流云团 G 和 F，并在 10:34 合并成云团 H。虽然云团 E 与 H 相邻且间距不大，但云团 H 发展时，云团 E 已经开始消散，不利于两云团合并的发生。

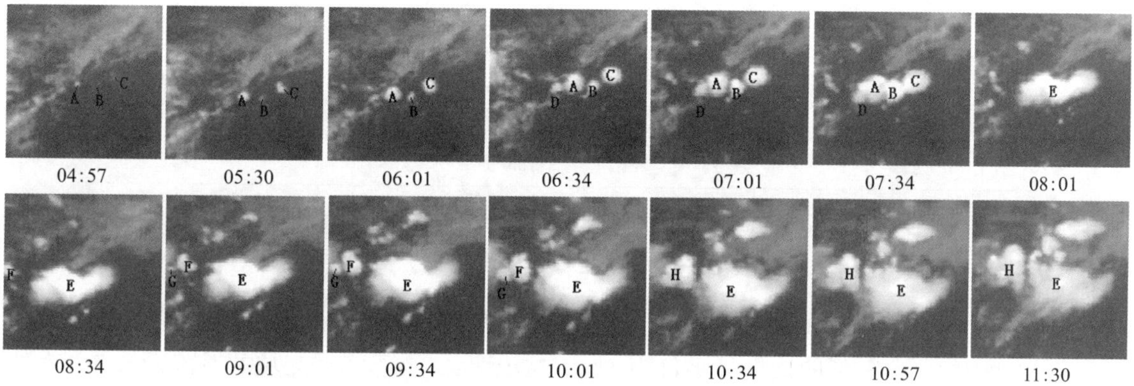

图 3.9　2006 年 7 月 29 日对流云合并过程卫星红外云图(世界时)

图 3.10 为 2006 年 6 月 28 日发生的一次 C 型线状云团合并过程。07:34 云图上出现了两小云团 A 和 B。08:01 云团 A、B 发生成线状，并在云团 B 的西侧又新生云团 C。随后云团 A、B、C 独立发展，并都保持着线状。09:34 云团 A 和 B 开始相连，而 C 的面积却已经在开始缩小，进入消散阶段。10:01 云团 A 和 B 合并成，连接处云团面积明显扩大，形成蝌蚪状的云团 D；而云团 C 的面积进一步缩小，继续消散。10:34 云团 D 继续发展成椭圆形，已不再呈线状。而后云团 D 继续发展，11:30 云团 D 面积开始减小，12:01 云团结构开始松散，进入消亡阶段。

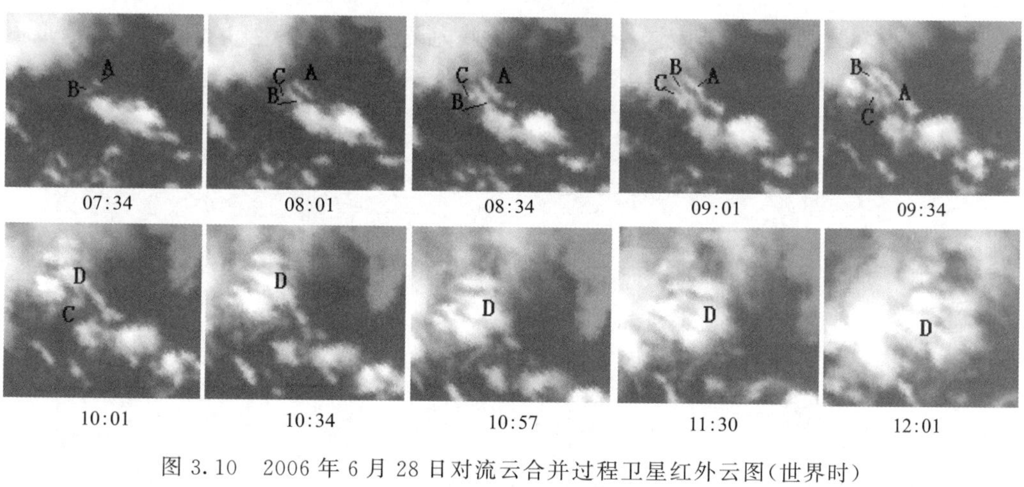

图 3.10　2006 年 6 月 28 日对流云合并过程卫星红外云图(世界时)

通过对卫星云图中合并过程的普查，总结出四种合并形式的过程演变的模型，如图 3.11 所示：A 型合并过程为，两单体对流云相遇后相互作用，最后成为一个更大的对流云。B 型合并则是多个云团同时相互作用形成一个大的对流云。AB型合并过程较为复杂，主要表现为在过程中相继与多个对流云相互作用，出现多次的合并。C型为线状云团的合并，这一类合并过程主要特征为云带的融合和增长。

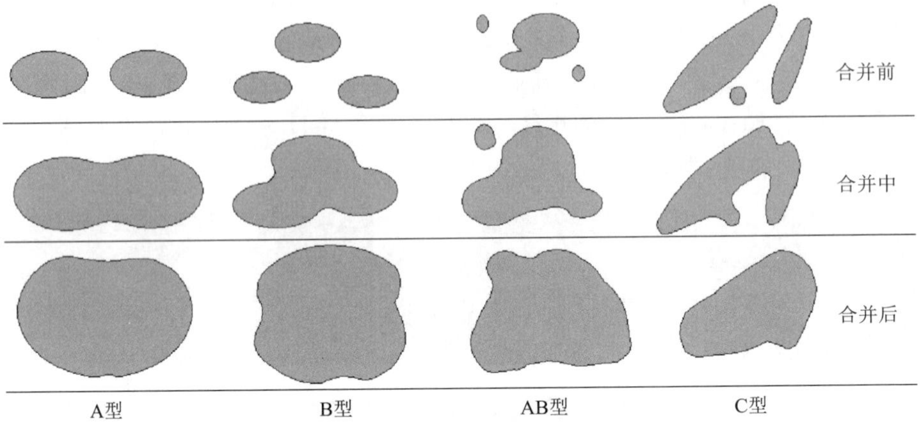

图3.11 各种对流云合并类型演变

通过对合并过程类别的统计，发现B型合并的比例最大，达到了59%，其次为A型占到了28%，AB型为12%，C型的比例最小仅为1%。这说明：在夏季江淮流域的对流云合并过程多为2个或多个对流云团的简单合并，两类合并占到了大多数(87%)；发生多次合并的复杂合并过程出现概率相对较低；对流云带的不规则合并则可以认为是小概率事件。

3.1.4 合并影响

从2006年7月29日发生的一次比较常见的B型合并过程(图3.9)可以看出，合并后云团的面积扩大了许多，并且整个生命史也较长达到了6.5 h。从对应时段的2次地面观测填图(图3.12)可以发现，在06:00云团尚未发生合并，此时在影响区域内，地面未出现强对流天气，风速普遍为4 m/s。合并主要发生在08:00—10:00，由于地面3 h才观测一次，只有在09:00有地面观测信息。虽然09:00地面填图中影响区域内的站点较少，但是区域内出现了强对流天气：两个站出现大风，一个站出现雷暴。这说明在这一次对流合并过程中，合并以后系统得到了增强，并且造成了地面的强对流天气。

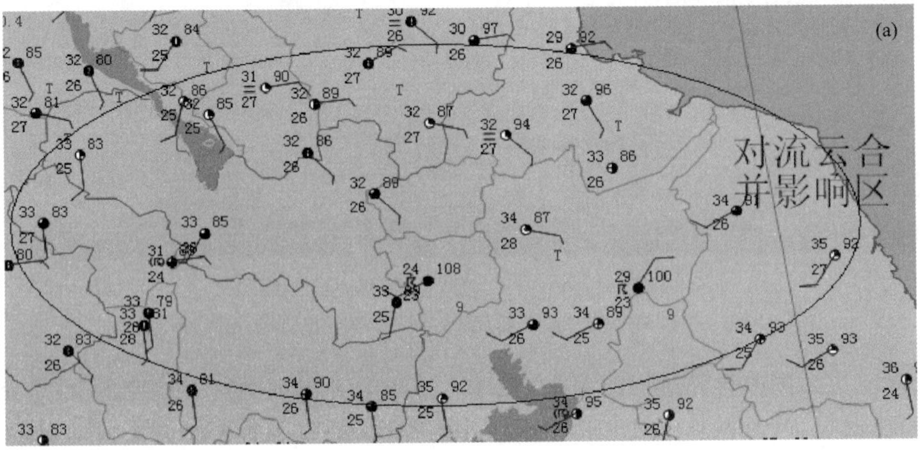

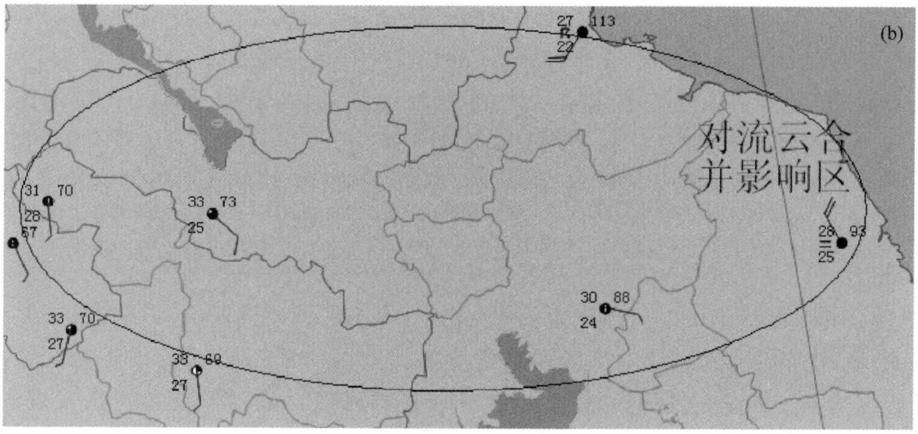

图 3.12　2006 年 7 月 29 日地面填图

(a)06:00,(b)09:00(世界时)

统计结果表明,合并能够影响对流云的发展。80%以上的合并过程中,合并都能够使云团面积扩大并具有较长的生命史。图 3.13 为 2005—2006 年 6—8 月 34 次合并过程持续时间的统计图,平均持续时间为 6.2 h,大部分的对流云合并都使得云团的持续时间达到 5～6 h 以上(图 3.14)。

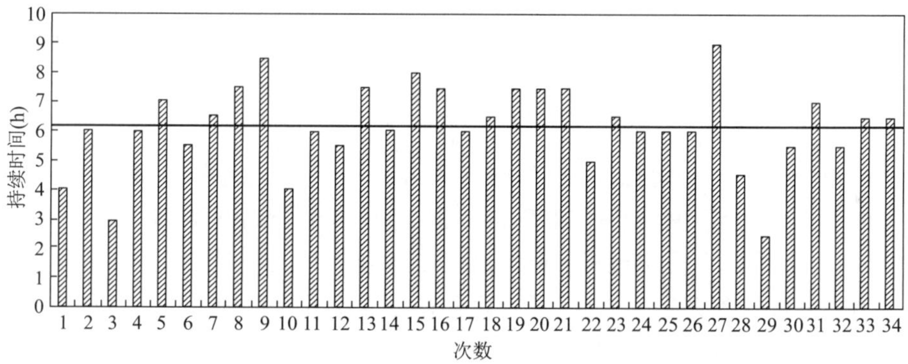

图 3.13　2005—2006 年 6—8 月合并对流云持续时间

(黑实线表示 2005—2006 年夏季合并对流云平均持续时间)

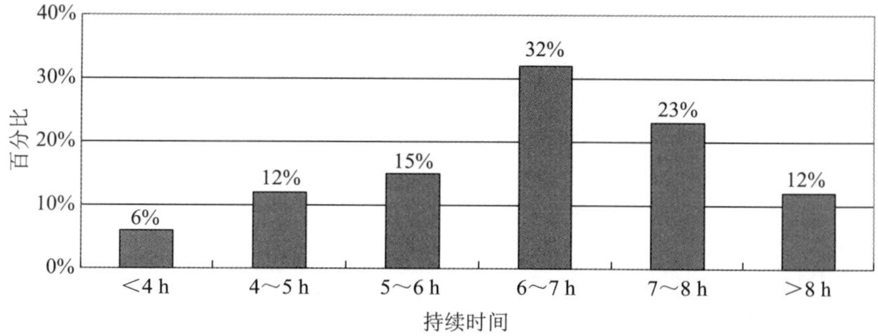

图 3.14　2005—2006 年 6—8 月合并对流云持续时间的频率分布

选取发生在 2006 年 7 月 12 日 06:01—12:01 的一次对流云合并过程,分析低亮温区面积与整个云团面积的比例(图 3.15)。云顶的温度越低说明云顶高度发展得越高,低温区比例的增加也就说明了云中有更多的云体发展到了低温区(更高的高度),也就意味着云团的发展;而当比例减小时,则说明云顶的高度在降低,云体逐渐地消散。经过半小时的发展,06:34 对流云团进入成熟期,由于云顶的扩散作用,云团面积将继续增大,低亮温区的比例却因为云顶不再发展而开始逐渐减小。07:01 时,云团开始合并。07:01—07:34 为云团合并期,合并的作用并未完全表现出来,云团面积依旧因为云顶的扩散而增加,但低亮温区的比例却因为合并而致使减小趋势得到缓解。07:34—08:34 云顶不再扩散,面积开始减小。另一方面,由于合并的完成,云团得到了再次的加强,使得低亮温区的比例快速增大。09:01 以后,云团再次进入成熟期,低亮温区的比例开始减小,预示着云团已经开始达到了成熟阶段即将开始衰亡。受合并作用的影响,云团面积因云顶开始扩散而开始增加。一段时间以后因云顶扩散的结束而开始逐渐减小直至为 0。从这一过程可以看出,合并使得即将衰亡的对流云团再次发展,并使得面积和低亮温区的比例得到了增加。

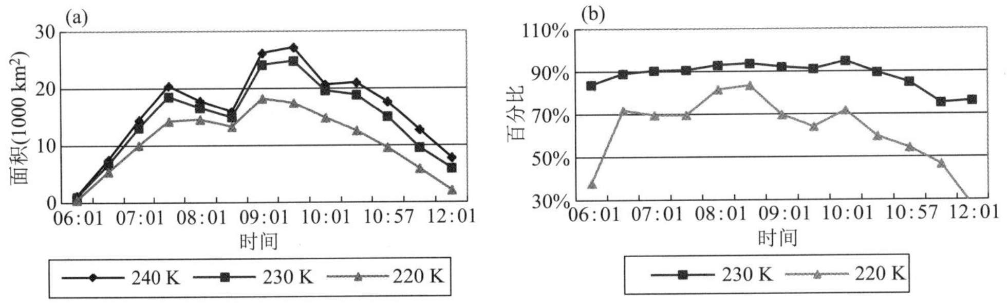

图 3.15 2006 年 7 月 12 日 06:00—12:00 不同低温区面积(a)
及不同亮温区面积比例(b)变化图(世界时)

结合地面观测(图 3.16)可以发现,在 06:00—12:00 这段时间内,对流云合并影响区域内出现了明显的降水,最大累积雨量达到了 58 mm,并且多个台站观测到了雷暴天气。而合并影响区附近(未受合并影响),仅有一个台站出现了雷暴天气,并且无明显降水发生。此外,还在安徽灵璧造成暴雨气象灾害。因此,可以说合并过程使云体得到了进一步的发展,并产生了明显的降水和雷暴天气。

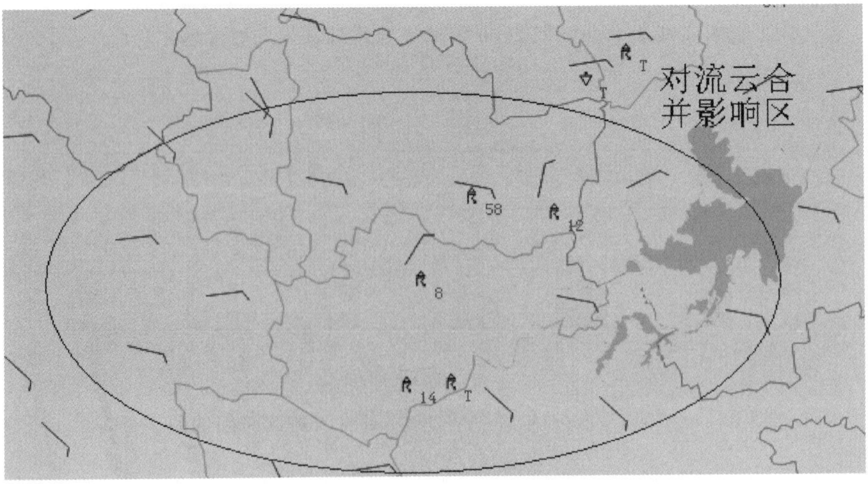

图 3.16 2006 年 7 月 12 日 12:00(世界时)地面观测(过去天气现象,6 h 降水和风)

另外，付丹红和郭学良(2007)的模拟结果表明，合并过程会使云内云水含量增加，并且有利于大量水汽的转化。这就意味着合并能够促使水汽的转化，使得降水增加。2003 年 7 月 3—4 日，受副热带高压和北方冷空气的共同作用，淮河流域出现了 2003 年最强的一次暴雨天气过程，在这次暴雨过程中就存在着云团合并的现象。图 3.17 为 2003 年 7 月 3 日 07:00—21:00 淮河流域逐小时卫星云图。07:00 出现五个孤立的对流云分别记为 A、B、C、E 和 F，其中云团 A、B、C 和 E 逐渐增强，而 F 则开始消散。10:00 云团 A、B 和 C 云系已经相互连接形成一个带状的云团 D，但这三个云团并未真正合并，而仅仅表现为云系的混合；此时，在消散云团 F 的西北侧新生一小云团 G 并逐渐增强。随着云团 A、B 和 C 的合并，在 12:00 云团 D 已看不出多个强中心，云团实现了合并；且云团 E 和 G 的云系也开始连接。15:00 云团 E 和 G 已经完全合并为云团 H。17:00 云团 D 开始消散，并在东北侧新生由多个云团在一起形成云团簇 I；H 云团的冷云罩范围开始扩大，结构开始松散，这意味着开始进入消散阶段。18:00 云团簇 I 的多个云团增强，并开始合并；在消散云团 H 的西部，新生小云团 J，并逐步增强。虽然云团 J 与 H 相隔较近(相邻，外围云系相接)，但由于 H 已经进入消亡阶段无法再次发展；因此随后云团 H 消亡，J 加强，而未出现两者的合并。与云团 H 和 J 不同，云团簇 I 中的多个对流云由于处于相同的发展阶段，云团间出现合并，并不断加强。

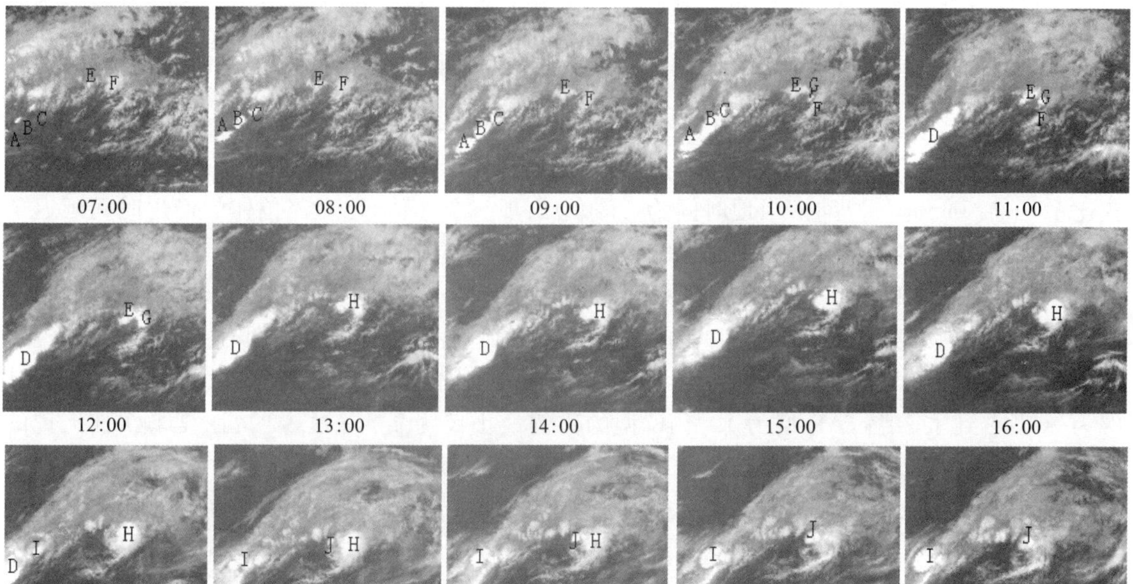

图 3.17　2003 年 7 月 3 日对流云合并过程卫星红外云图(世界时)

从以上分析可以看出，此次过程中包含了多云团合并和两云团合并。图 3.18 为 E 和 G 两云团合并区域内的两个气象站点(安徽五河站和泗县站)当日 00:00—23:00 逐小时降水量变化曲线。从小时雨量变化曲线可以看出，在云团 E 和 G 完全合并后的 15:00 和 16:00，泗县和五河的小时雨量出现了一个激增。尤其是五河站，当日的强降水就发生在合并以后的 16:00，而在其他时间内降水量均较低。这说明合并后降水量得到了增加。

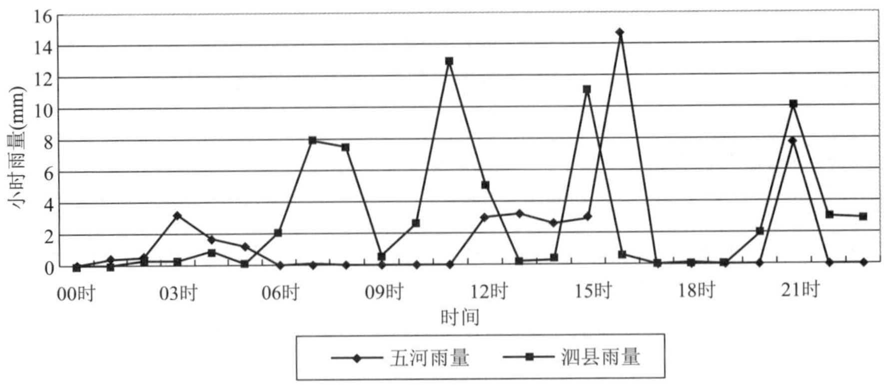

图 3.18 2003 年 7 月 3 日五河和泗县 1 h 雨量变化(世界时)

3.1.5 小结

通过对 2001—2006 年静止气象卫星云图上对流云合并过程的普查,统计江淮流域夏季对流云合并过程的时空分布规律和特征:

在空间分布上,在江淮区域内存在三个高发区和一个密集带:大别山区、皖南山区以及洪泽湖—皖东丘陵区域为三个高发区,频率分别占到 28%、23%和 16%。而这三个区域分别为典型的两个山区以及一个周边有丘陵的大面积内陆湖泊,这些均为典型的中尺度地形,因此对流云合并也与中尺度地形间存在着很好的对应关系。另外,沿着长江出现了一条合并密集带。

在时间分布上,对流云合并通常发生在 6 月末到 8 月初,并在 7 月末出现一个峰值。在日变化中,午后 06:00(世界时,当地时间为 14:00)出现一个峰值,比对流单体的产生时间延迟了 2 h。这些说明在对流云合并过程中,低层大气的辐射增温有着重要的作用。

按照合并云团的数目以及合并次数,合并过程可划分为四类:代表两个云团合并过程的 A 型;代表多个云团合并过程的 B 型;代表先有两个云团合并再与其他云团合并过程的 AB 型;以及代表其他不规则合并过程的 C 型。通过统计,发现 B 型合并的频率最大,达到了 59%,其次为 A 型占到了 28%,AB 型为 12%,C 型的比例最小仅为 1%。这说明:在夏季江淮流域的对流云合并过程多为 2 个或多个对流云团的简单合并,两类合并占到了大多数(87%);而在过程中发生多次合并的复杂合并过程出现的概率相对较低;对流云带的不规则合并则可以认为是小概率事件。

此外,还发现合并能够显著影响云的发展,80%以上的合并过程中,云团在合并后面积和强度都得到发展,并且生命史更长,平均持续时间达 6.2 h。实况分析表明,对流云合并是引发强降水和强对流天气发生发展的重要过程。

3.2 卫星与雷达统计特征差异

3.2.1 基于合肥雷达的特征统计回顾

刘慧娟(2009)利用 2003—2006 年夏季(6—8 月)合肥新一代多普勒天气雷达产品对探测区域内的回波合并进行了统计。结果表明,雷达回波的合并具有典型的时空分布规律:①8 月初是合并的一个高发期;②日变化中,06:00—07:00 为合并的峰值时段;③大别山区、皖南山区和定远县一带的皖东丘陵是三个合并高发区;④在划分的合并类型中,小单体间合并概率最大,占到了 75%;⑤77%以上的合并使得面积变大和强度增强,且生命史得到了延长;⑥新生时强度差在 10 dBZ 以下的回波最易合并(合并概率高达 82%)。

3.2.1.1 空间分布

从雷达回波合并位置的空间分布(图 3.19a)来看,根据合肥雷达所在位置,将整个区域划分为四个象限,即合肥东北方的第一象限、东南方的第二象限、西南方的第三象限和西北方的第四象限,每个象限中均存在回波合并多发区。另外,在合肥西南侧,还存在一个合并发生次数明显偏少的区域。

利用 2005—2014 年夏季合肥雷达基数据,利用最低四层仰角的体扫资料,在进行质量控制后,以回波强度大于 30 dBZ 作为对流识别标准,进行雷达探测范围内对流的识别与统计。从对流的空间分布来看(图 3.19b),探测范围内存在三个对流高发区和一个对流出现概率小的区域。三个对流高发区分别位于大别山区、皖南山区的北侧以及沿淮(河)中西部,对流出现概率小的区域位于合肥雷达站东侧。

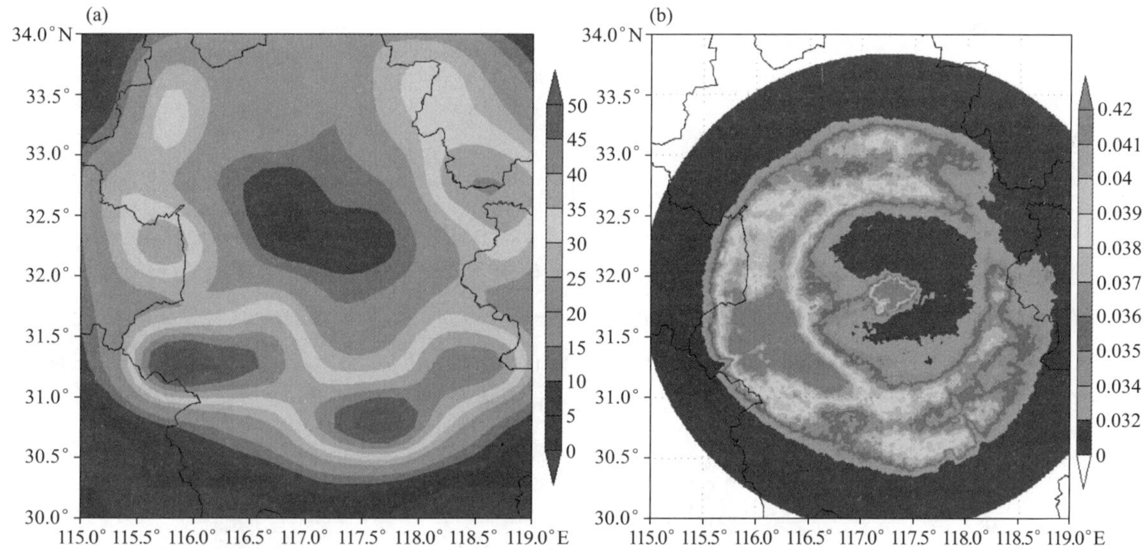

图 3.19 回波合并次数(a)和对流发生频率(b)的空间分布(彩图见书末附页)

综合回波合并次数和对流发生频率的空间分布来看,大别山区、皖南山区和沿淮中西部的回波合并多发区与对流频发区之间有对应关系。而在合肥东南方第二象限内的合并多发区(皖东丘陵区)中,对流发生概率较低。另外,虽然区域内都只有一个回波合并发生次数明显少的区域,以及一个对流发生频率显著低的区域。但是两个区域并未重合,对流发生频率低的区域要比合并次数少的区域偏东。

3.2.1.2 时间分布

从雷达回波的统计结果来看(刘慧娟,2009),05:00—10:00 是一天之中合并的高峰时段。在逐旬的合并规律中,夏季有两个合并高发时段,一个是 6 月下旬到 7 月上旬,另外一个为 8 月上旬,合并和强对流天气的逐旬变化之间具有较好的一致性。

在雷达回波合并点的空间分布分析中,将研究区域划分成了以合肥雷达站为中心的四个象限(四个区域)。分别对四个象限中合并的日变化进行统计,结果如图 3.20 所示。从图中可以清楚地看出,除第四象限的西北区域内合并日变化规律有差异外,其他三个象限的合并日变化具有相同的规律。西北区域内合并日变化的峰值出现时间要比其他区域晚,主要出现在夜间和凌晨;而其他区域合并日变化的峰值则是出现在午后到傍晚这段时间内。这四个区域中,只有西北区域内既无大范围山脉,也没有大面积的湖泊。因此,缺少地形地貌的作用可能是这一区域内合并日变化规律与其他区域有所不同的原因之一。

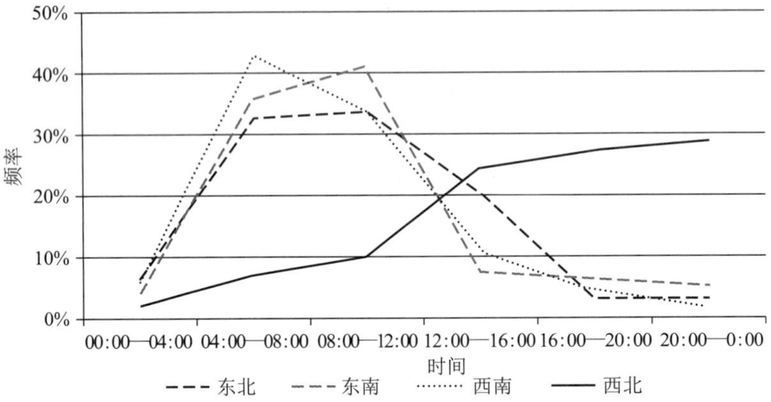

图 3.20　不同区域回波合并的日变化(世界时)

3.2.1.3　合并影响

刘慧娟(2009)统计结果表明,大部分回波在合并后面积增大(89%)、强度增强(77%),合并对回波发展起到积极的推动作用。

蒋年冲等(2007)利用合肥雷达对安徽省夏季对流系统进行的统计结果表明,绝大多数对流云生命史长度在 1 h 之内(占统计总数的 90%~95%),生命史长度在 1~1.5 h 的占统计总数的 3%~8%,生命史长度大于 1.5 h 的对流云占统计总数的 1%~2%。从合并过程生命史长度的统计结果来看(图 3.21),合并后对流云的生命史得到了延长。

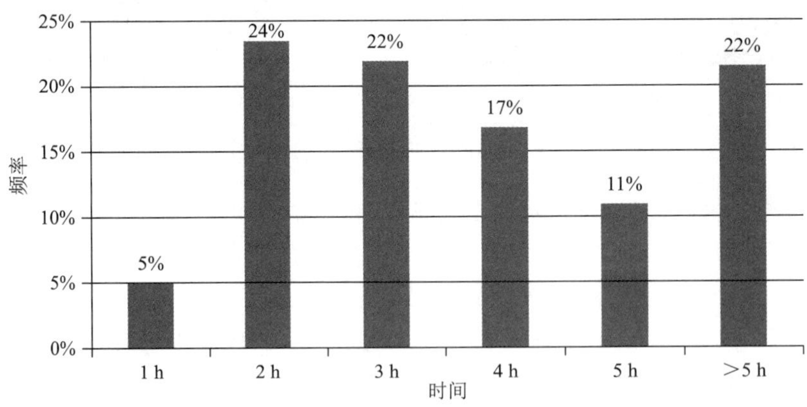

图 3.21　合并过程的生命史长度的频率分布

3.2.2　主要异同点分析

从利用卫星云图和雷达回波统计的对流云合并特征来看,总体相似,但存在着一些差异

(图 3.22)。

在空间分布上,相同点主要为:①大别山区和皖南山区北侧都是合并的多发区域;②皖东丘陵一带也是一个合并的频发区;③合肥以北到淮河中游的部分区域内发生合并的概率低。

差异主要表现为:①雷达统计结果中在大别山以北到淮河以及淮(河以)北西部区域内出现合并多发区,但是在卫星云图上这一区域并无合并发生,而只是在相同纬度的东部出现一个合并多发区,即卫星云图上合并地点偏东;②淮河以北的雷达回波合并多发区中,卫星云图上并未观测到云团的合并而是在该区域的东西两侧有少量的云团合并;③卫星云图统计结果中,存在一条沿着长江的合并带;而在雷达回波统计结果中,并无这一合并带。

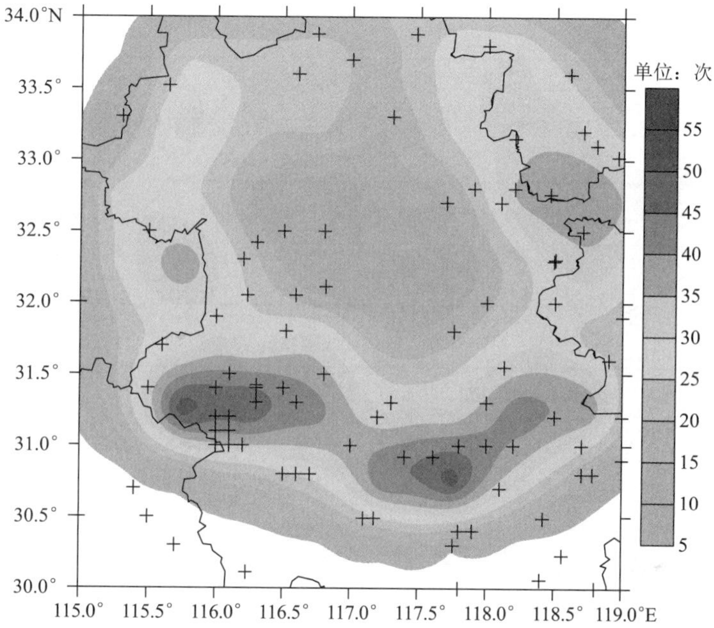

图 3.22 雷达(阴影)和卫星(十字型标记)合并点的空间分布

从日变化(图 3.23)来看,03:00 以后雷达回波和卫星云图上的合并都开始增多。06:00 卫星云图上对流云合并的发生频率达到一天之中的峰值,随后合并频率开始降低。而在雷达

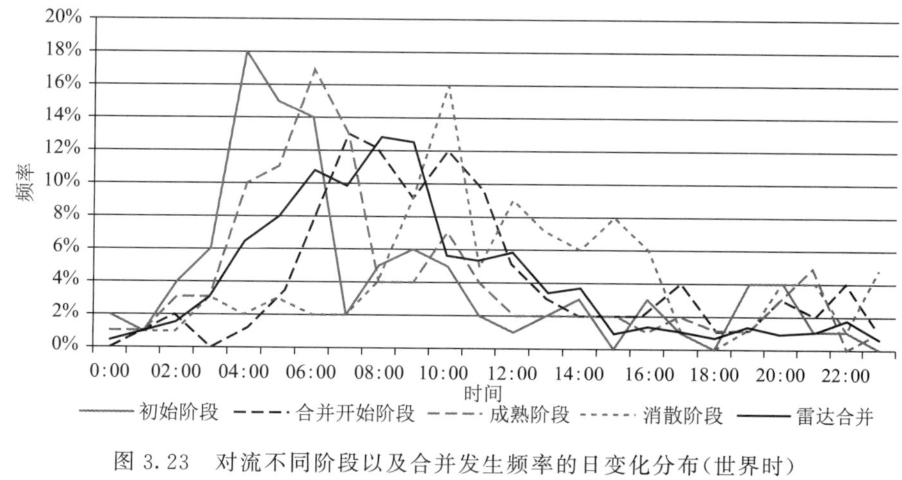

图 3.23 对流不同阶段以及合并发生频率的日变化分布(世界时)

回波上，06:00 合并发生频率并不是最高的，07:00 合并发生频率出现一个小幅降低后，又再次升高。08:00 雷达回波上合并频率达到了一天之中的峰值。也就是说，虽然两者都是呈现单一峰值的特征，但是雷达回波的统计结果中，合并发生的高峰期时间要比卫星云图滞后 2 h。

在逐旬分布图(图 3.24)上，卫星云图的统计结果表明 6 月上旬到 7 月上旬为发生频率逐渐升高的时期，7 月中旬发生频率略有降低，但是到了 7 月下旬发生频率又再次增高，并达到峰值，随后频率逐渐降低。但是雷达回波统计结果中规律却有所不同：首先，6 月中旬为夏季合并发生频率最低的时期；其次，峰值出现的时期也不是 7 月下旬，而是 8 月上旬。

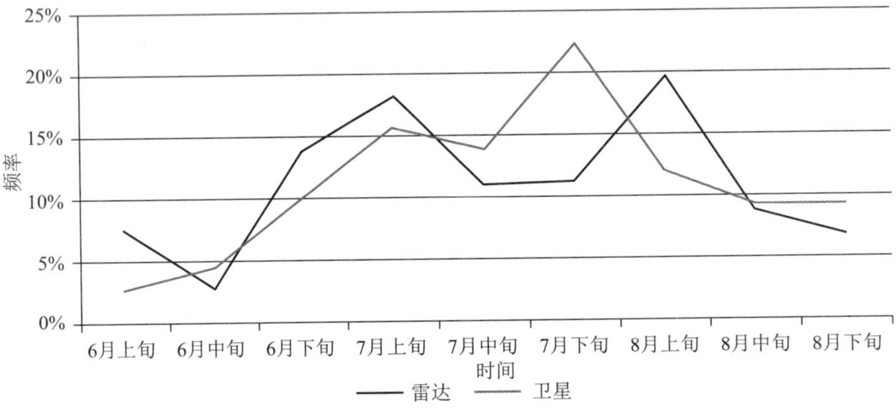

图 3.24　雷达回波和卫星云图上合并发生频率的逐旬分布

3.2.3　成因分析

在空间分布上，利用卫星云图和雷达回波进行的对流云合并普查的结果间存在的差异主要表现为：大别山西北侧为回波合并高发区，但是无卫星云团合并；卫星云图上存在沿(长)江的云团合并的密集带，但是雷达回波统计结果中这一密集带不明显。从 850 hPa 平均风场来看(图 3.25)，夏季研究区域内盛行南风和西南风。无论是雷达回波的统计结果，还是卫星云图的统计结果都表明山区(大别山和皖南山区)北麓是合并的高发区。风与地形的相互作用不仅造成对流多发，也使得对流云合并频繁发生。

从观测原理来看，静止气象卫星的红外通道只能观测到云顶的辐射(亮温)信息，无法观测到云内的活动；而天气雷达恰好相反，只能观测到云中雨滴的信息，而不能观测到云体的外观。因此，虽然气象卫星和天气雷达均能监测对流云，但两者所监测的对象(卫星观测云、雷达监测雨)有所不同。对于卫星云图上观测到的一个对流系统而言，可能存在多支上升气流及降水(强回波)中心。而且在对流系统发展演变过程中，会出现气流之间的相互作用，即一个对流云中会存在多个回波中心，并且在对流发展过程中回波之间会相互作用和演替。这是雷达观测结果与卫星观测结果之间存在差异的主要原因之一。

在时空分辨率上，天气雷达探测要高于气象卫星，且卫星红外云图只能观测到云顶发展高度较高(云顶亮温低)的对流。对于那些云顶发展高度较低(云顶亮温较高)的暖性对流而言，气象卫星的探测能力差，但是天气雷达具有很好的探测能力。

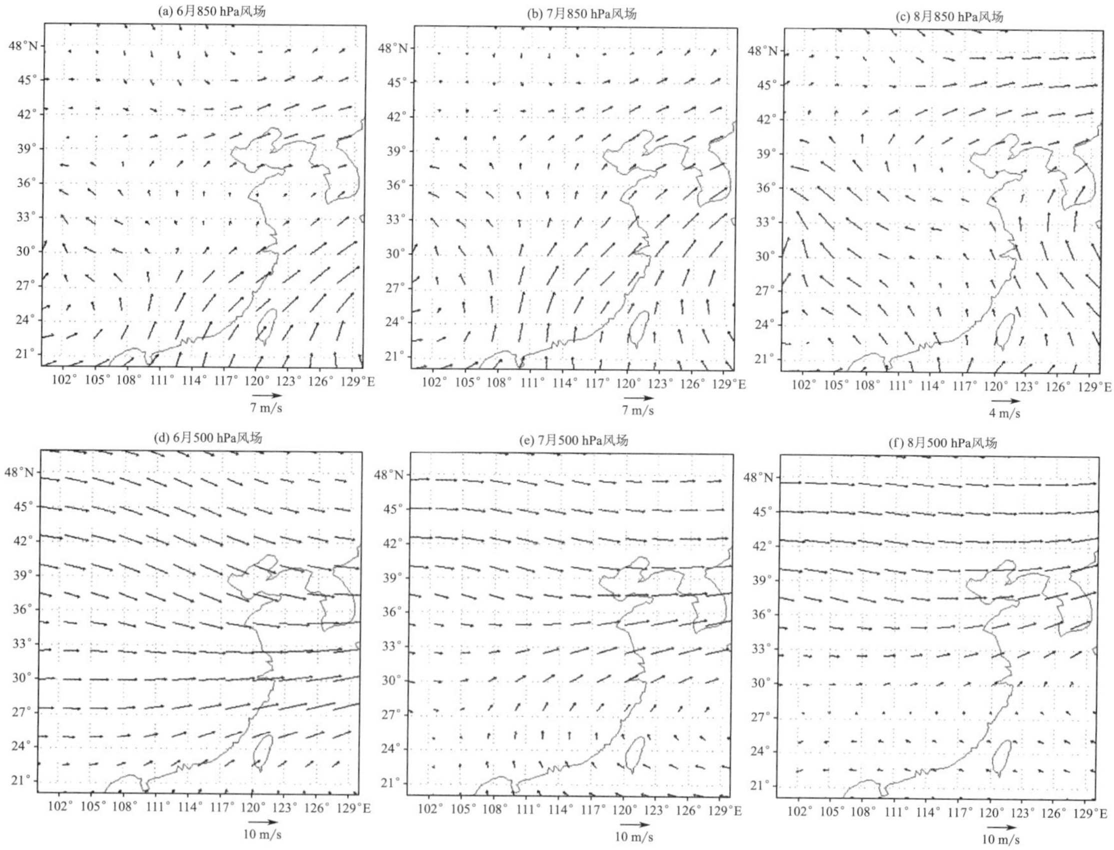

图 3.25　夏季 850 hPa 和 500 hPa 的平均风场

图 3.26 是 FY-2F 气象卫星加密观测期间江淮地区的雷达回波强度和 FY-2F 红外亮温分布图。从图中可以看出，在安徽—江西—浙江三省交界处的山区，出现了许多分散的回波。虽然这些回波强度最大的数值超过了 50 dBZ，但是在 FY-2F 卫星上却未出现云顶亮温低于 270 K 的云。也就是说，这些对流属于气象卫星红外通道难以有效监测的暖性对流（云顶高度较低）。天气雷达能够监测到这些暖性对流及其相互之间的合并，而气象卫星却难以观测。这也是一些区域只观测到雷达回波的合并，而无卫星云团合并的主要原因之一。

在合肥雷达站附近，回波合并发生的频率较低。主要原因是天气雷达对近距离对流云探测能力有限。一方面，在雷达站附近，回波受干扰严重，无法有效监测对流云。另一方面，在仰角不变的情况下，靠雷达站越近，探测高度就越低。这就使得天气雷达无法有效地对近距离的云系开展有效地监测，也就不能全面地了解雷达站附近的合并现象，致使雷达站周边的合并次数偏少。

从日变化来看（图 3.23），雷达回波合并有两个峰值，第一个峰值出现的时间与卫星云图上云团合并峰值出现的时间相同（06:00）；第二个峰值出现在卫星云图上云团成熟后的 1～2 h（08:00—09:00）。从卫星云图上云团成熟阶段的日变化来看，也存在两个峰值，第一个峰值比云团合并峰值（回波合并第一个峰值）时间晚 1 h，第二个峰值出现与消散阶段出现时间相同，在回波合并峰值之后 1～2 h。也就是说，对流单体初生后发生了相互之间的合并（云团合并和回波合并），促进对流系统发展达到了成熟阶段。对流系统进入成熟阶段后开始减弱，但由于

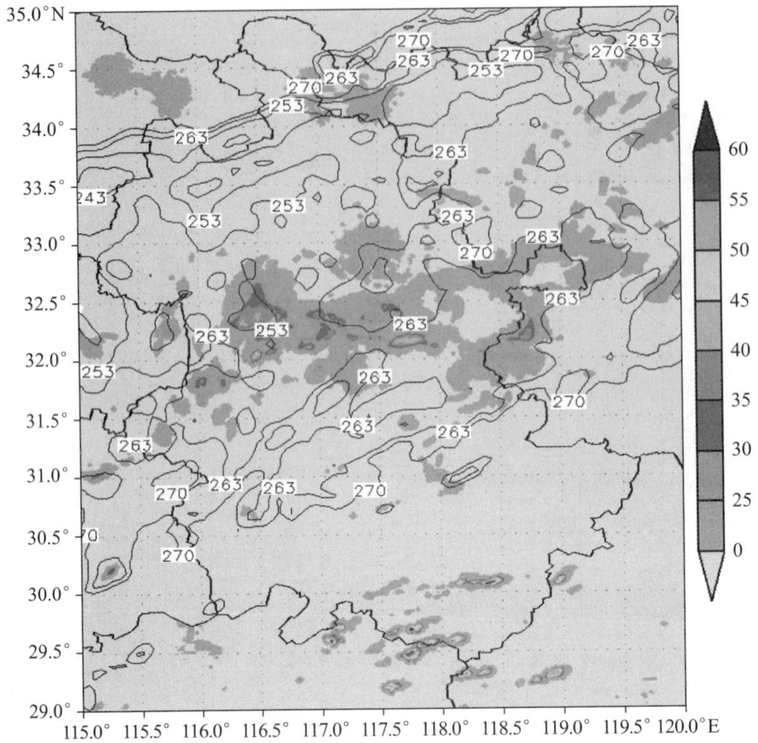

图 3.26　2014 年 8 月 28 日 03:30(世界时)雷达回波(阴影,单位: dBZ)
叠加 FY-2F 红外亮温(等值线,单位:K)

内部多支气流之间的相互作用,使得对流系统再次增强发展。因此,雷达回波和卫星云图上统计结果中合并日变化的差异反映出,对流系统进入成熟阶段后,内部不同气流之间通过相互作用再次促进了系统的发展。

在逐旬变化中(图 3.24),卫星云图和雷达回波统计结果中均表现出两个峰值,只是第二个峰值(主峰值)出现的日期有所不同。卫星云图上出现对流云团合并最多的时期是在 7 月下旬,而雷达回波中合并最多的时期是 8 月上旬,两者相差 10 d 左右。另外,卫星云图上 8 月上旬的合并频率要低于 7 月上旬,而雷达回波统计结果中,8 月上旬的合并频率要大于 7 月上旬。

从不同月份 850 hPa 的平均风场来看,江淮流域夏季三个月中,从 6 月到 7 月的风向基本未变,只是风速有所增强。而从 7 月到 8 月,风向由西南风转变成了东南风。因此,7 月中下旬到 8 月初这段时间内,是江淮流域主导风向的一个调整过程。也就是说随着梅雨期的结束,江淮流域逐渐被副热带高压系统控制,进入到盛夏期。大气环流的改变,也使得江淮流域内的对流云属性发生了改变。副高控制下,江淮流域午后热对流多发。对于尺度小的对流来说,在地面高温的背景下,小尺度的对流系统难以被气象卫星有效探测。而对于天气雷达来说,由于直接探测云内的雨滴信息,仍然能够开展针对此类对流天气的监测。因此,探测原理的差异,以及副高控制下背景辐射高、对流系统尺度小等因素,是造成 8 月初雷达回波合并高发,而卫星云图上合并频率低的原因之一。此外,由于一个对流云中会存在多支上升气流和多个降水中心,因此,一个对流云中会出现多个回波块的合并。正是这些回波块的相互作用才使得对流系统进一步发展,这也是雷达回波上合并频发而卫星云图上难以观测到云团合并的主要原因之一。

3.2.4　小结

在刘慧娟(2009)利用合肥雷达进行合并统计分析的基础上，结合资料，对雷达回波上的合并特征进行了分析。结果表明，对流多发的地区，合并现象也较多。但是，也有一些对流发生频率不高(皖东丘陵地区)的区域，出现了多次对流云合并，也就是说这一区域出现的对流云更加容易发生合并。另外，从对流时间分布来看，地形地貌对合并的日变化有着一定的影响。

造成雷达回波和卫星云图统计结果差异的主要原因是：①两种观测手段的原理不同，卫星观测云而雷达观测雨，且卫星仅能观测到云体发展高度较高的对流云；②雷达观测的时空分辨率更高，能够观测到卫星难以观测到的尺度小、生命期短的对流；③雷达探测能力与距离雷达的距离有关，从而导致在靠近雷达站的区域内观测到的合并频次显著减少，而气象卫星则不受这一限制；④一个对流系统中会存在多支上升气流和多个降水区，因此，卫星观测的云团中会存在多个回波(降水区)之间的合并。

3.3　暴雨和冰雹中对流云团合并的异同点

虽然，许多学者的研究成果都表明对流云合并能够对暴雨和冰雹这两种强天气的发展起到积极的正面作用。但是，仍然存在着三个关键的科学问题：①暴雨、冰雹这两种强天气中是否都有对流云合并现象发生？②两种强天气过程中的对流云合并现象是否存在差异？③能否从对流云合并差异中，来区分强对流是引起暴雨还是产生冰雹？

本节围绕上述三个问题，以强对流天气多发的江淮区域为研究区域，利用多年静止气象卫星资料对2001—2009年江淮区域夏季(6—8月)冰雹和暴雨过程中的对流云合并现象进行普查与分析。

研究所用个例，为2001—2009年夏季安徽省范围内出现的暴雨和冰雹过程，共计35次暴雨过程和43个冰雹过程。所用资料为相应时段内的逐小时静止气象卫星红外亮温资料，包括GMS-5、FY-2B和FY-2C等三颗气象卫星的数据。首先，进行卫星云图上对流云团的识别，这里提到的对流云是指在卫星云图上云顶亮温低于260 K的云区内最低亮温低于241 K(−32 ℃)，且在时间上连续的几幅云图中能表现出发展或衰亡变化的云块。然后，以云块合并后是否立即分裂为标准，人工找出对流云合并过程，并提取出合并过程的一些信息，主要包括：对流云之间的距离D_{is}、面积比A_r、云顶亮温最低值$T_{\min}$及最低亮温差异$\mathrm{d}T_{\min}$。

对流云之间的距离D_{is}，是指在合并前一个时次(1 h前)的卫星云图上，两对流云之间的最短距离，计算公式下：

$$D_{is}=\mathrm{Min}(D_{1i-2j}) \tag{3.1}$$

$D_{1i\text{-}2j}$为对流云1中任意点i与对流云2中任意点j之间的距离。

D_{is}的大小反映合并对流云之间相对移动速度的大小，或对流云面积扩大速度的快慢。

合并对流云的面积比A_r，表示两个对流云在合并前一个时次(1 h前)卫星云图上表现出的面积差异，计算公式下：

$$A_r = \frac{\mathrm{Max}(S_1, S_2)}{\mathrm{Min}(S_1, S_2)} \tag{3.2}$$

S_1，S_2 分别表示对流云 1 和 2 的面积(云顶亮温低于 260 K 的区域)。

A_r 为大于 1 的一个无量纲数，A_r 值越大，表示合并的对流云之间的尺度差异越明显，属于不同尺度间对流系统的合并；而 A_r 越趋向于 1，则说明合并对流云的尺度越接近，属于同尺度对流系统之间的相互作用。

云顶亮温最低值 $T_{\min}$ 和最低亮温差异 $dT_{\min}$，则分别表示两个对流云的云顶最低亮温的最小值和差异，计算公式下：

$$T_{\min} = \mathrm{Min}(T_{1\min}, T_{2\min}) \tag{3.3}$$

$$dT_{\min} = |T_{1\min} - T_{2\min}| \tag{3.4}$$

$T_{1\min}$ 和 $T_{2\min}$ 分别为对流云 1 和 2 的云顶最低亮温。

亮温的大小可以反映出对流系统的发展高度，从而推断出对流发展的阶段。另外，考虑到合并的对流云团相距最远未超过 100 km，可以近似认为对流云团具有相同的温、压、湿等环境。因此，用 $dT_{\min}$ 来反映两个对流云发展高度的差异。

以下将从这四个方面的信息出发，来讨论在暴雨和冰雹这两种强天气过程中所出现的对流云合并现象及其异同点，从中寻找出能够区分合并后是产生冰雹还是引起暴雨的因子。

3.3.1 强天气中对流云合并出现概率

普查的 43 次冰雹强对流天气过程中，有 28 次冰雹过程中存在对流云合并现象(以下简称冰雹云合并)，占到了冰雹强对流过程的 65%。在 28 次过程中，共出现 53 次对流云间的合并，平均每个过程中出现 1.9 次合并。

35 次暴雨强对流天气过程中，有 33 次暴雨过程中存在对流云合并现象(以下简称暴雨云合并)，占到了暴雨强对流过程的 94%。在 33 次过程中，共出现 382 次对流云间的合并，平均每个过程中出现 11.6 次合并。

3.3.2 对流云间距离与面积比特征

从不同的对流云间距离 D_{is} 所占比例的分布来看(图 3.27a)，暴雨云合并的 D_{is} 多数(超过 80%)在 40 km 以内；而冰雹云合并的 D_{is} 总体上偏大，且有 20%的冰雹云合并过程中 D_{is} 超过了 60 km。也就是说，相对于暴雨云合并而言，冰雹云合并中的对流云发展更为迅速或云间相对移动速度更快。

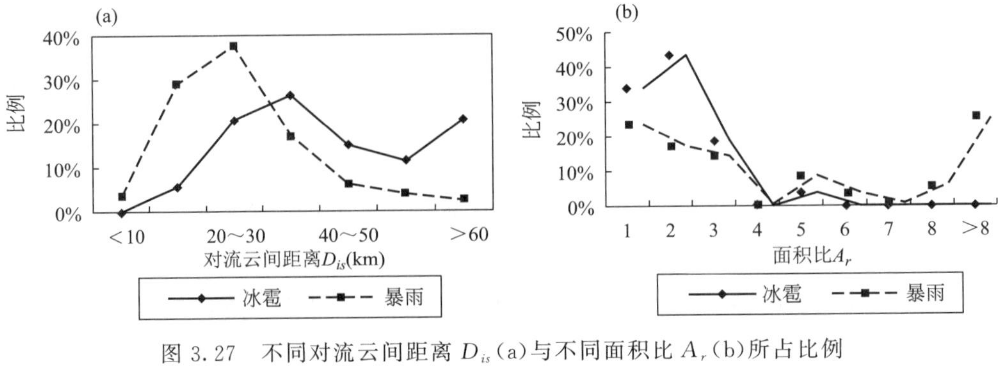

图 3.27 不同对流云间距离 D_{is}(a)与不同面积比 A_r(b)所占比例

冰雹云合并过程中对流云的面积比 A_r 总体上要小于暴雨云合并(图 3.27b)。根据 A_r 的不同,将划分为三类合并过程:$A_r \leqslant 2$ 的认为是尺度相近云团间的等积合并;$A_r \geqslant 5$,则认为是大云团吞并小单体的吞并合并;A_r 介于 2～5 的,由于面积差异明显,但并未达到吞并的比例,则认为是面积差异较大的云团之间的合并(简称为异积合并)。即:

$$\begin{cases} A_r \leqslant 2 & \text{等积合并} \\ 2 < A_r < 5 & \text{异积合并} \\ 5 \leqslant A_r & \text{吞并合并} \end{cases} \tag{3.5}$$

在产生冰雹的对流云合并过程中,等积合并占到 77%,而异积合并和吞并合并相对较少,分别占 19%和 4%。与冰雹云合并不同,在暴雨云合并中,吞并过程的比例最大,为 44%,等积合并和异积合并的比例分别为 41%和 15%。说明,冰雹过程中的对流云合并以相同尺度间合并为主,而暴雨过程中则出现较多的多尺度间合并。

3.3.3　云顶亮温特征

产生冰雹和引起暴雨的对流云合并,在云顶亮温最低值 $T_{\min}$ 和最低亮温差异 $dT_{\min}$ 这两个量上,具有相同的统计特征(图 3.28):$T_{\min}$ 分布在 200～210 K 这个区间内的比例出现峰值,且远离这个区间比例逐渐减小;$dT_{\min}$ 越小所占的比例越高,反之比例越低。另外,产生冰雹的对流云并合过程中 $T_{\min}$ 相对较高,绝大部分(超过 90%)都高于 200 K,且不存在 $T_{\min}$ 低于 190 K 的对流云合并;而引起暴雨的对流云合并过程中,却有 30%的合并过程中 $T_{\min}$ 低于 200 K,甚至有 9%的合并过程中 $T_{\min}$ 低于 190 K。

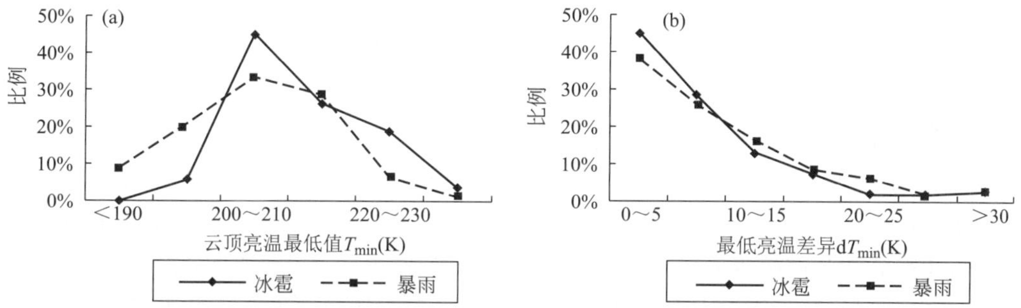

图 3.28　不同云顶亮温最低值 $T_{\min}$(a)与不同最低亮温差异 $dT_{\min}$(b)所占比例

为进一步了解云顶亮温的特征,根据 $T_{\min}$ 的大小以 10 K 为间隔划分成六个区段,分别为:<190 K、190～200 K、200～210 K、210～220 K、220～230 K 以及≥230 K。并根据 $dT_{\min}$ 将合并过程划分为三大类:$dT_{\min}<3$ K、3 K$\leqslant dT_{\min}\leqslant$10 K 以及 $dT_{\min}>10$ K。其中,$dT_{\min}<$3 K 表示合并云团发展高度相同;3 K$\leqslant dT_{\min}\leqslant$10 K 表示发展高度相近;$dT_{\min}>$10 K 则表示发展高度明显不同。分别统计六个区段内三种合并过程所占比例(图 3.29),并从不同、相近以及相同发展高度这三个方面来进行分析。

(1)在冰雹过程中,只有在 190 K$\leqslant T_{\min}<$220 K 的情况下才会发生处在不同发展高度的对流云合并;而暴雨过程中,不同发展高度对流云合并的发生条件却相对宽松,只要 $T_{\min}\leqslant$ 230 K 就可能出现对流云间的合并。当 $T_{\min}$ 介于 190～220 K 时,处于不同发展高度冰雹云合并的比例随着 $T_{\min}$ 的升高而增大;而对于暴雨云合并而言,比例随着 $T_{\min}$ 的升高呈现先增大后减小的变化特征。

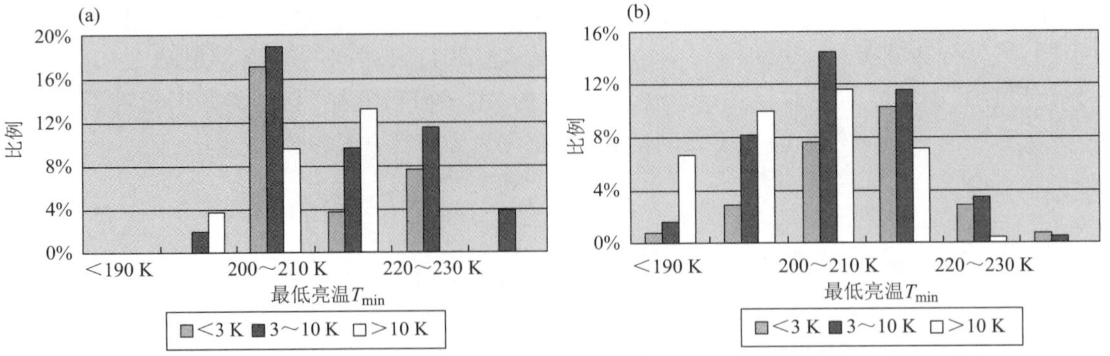

图 3.29 冰雹云合并(a)与暴雨云合并(b)中六个 T_{min} 区段内不同 dT_{min} 的比例分布

(2)在发生冰雹云合并和暴雨云合并的 T_{min} 区段内,3 K≤dT_{min}≤10 K 所占的比例均大于 0。也就是说,不论是冰雹云合并还是暴雨云合并,只要出现对流云合并,就可能是由两个处在相近发展高度的对流云所引起的。另外,当 200 K≤T_{min}<210 K 时,处在相近发展高度对流云合并所占的比例最高,这也是合并比例最高的 T_{min} 范围。

(3)冰雹云合并中,只出现在 200 K≤T_{min}<210 K 的情况下,才会发生发展高度相同对流云间的合并。而暴雨云合并中,则不存在 T_{min} 的限制条件,即不论 T_{min} 为何值均可能出现相同发展高度对流云间的合并。

3.3.4 冰雹云合并与暴雨云合并的异同

对流云之间的距离 D_{is} 越小,越容易发生合并,这一点在冰雹云合并与暴雨云合并中均有很好的体现。所不同的是,冰雹云合并中存在着云间距离 D_{is} 超过 60 km 的合并过程,而暴雨云合并中却极少出现。黄美元等(1987)曾提出云间隔距离太远,两块云之间就不会发生合并。这与所得到的统计结果(D_{is}≤40 km 占多数)相一致。在间隔为 1 h 的卫星云图上,冰雹云合并和暴雨云合并中最大对流云间距离分别为 98 km 和 81 km,即冰雹云合并中 D_{is}≤98 km,暴雨云合并中 D_{is}≤81 km。另外,冰雹云合并的 D_{is} 最小为 17 km,而暴雨云合并则有多个过程 D_{is}<10 km。可以看出,1 h 前间距大于 81 km 的对流云间若发生合并,则势必会产生冰雹;而当 1 h 前间隔小于 17 km 的对流云发生合并时,则只会在未来引起暴雨而不会产生冰雹。

冰雹云合并多以相同尺度间的对流云合并为主,而暴雨过程中则出现较多的多尺度间合并。总体上冰雹云合并的面积比 A_r 要比暴雨云合并小,吞并合并多数出现在暴雨过程中。而在冰雹过程中合并对流云的面积比 A_r 最大仅为 5,且出现概率低(3.8%)。因此,当合并对流云的面积比超过 5 以后(A_r>5),该过程就只会引起暴雨而不会产生冰雹。

从云顶亮温最低值 T_{min} 的统计来看,暴雨云合并不受 T_{min} 的限制,而冰雹云合并只有在 T_{min}≥190 K 的情况下才会发生。也就意味着当对流云发展到云顶最低亮温低于 190 K 时,若发生合并则只会引起暴雨而不会产生冰雹。另外,不论是暴雨云合并还是冰雹云合并,200~210 K 区段内的比例最高,即当对流云发展到最低亮温位于 200~210 K 时,最容易发生合并现象。在最低亮温差异 dT_{min} 的统计结果中,两类合并规律一致,均表现出 dT_{min} 越小合并发生比例越高的特征。这与黄美元等(1987)数值模拟中所讨论的云块强度对积云合并的影响,有着相似的结论。

另外,只有在 200 K≤T_{min}<230 K 的条件下才会发生 dT_{min}<3 K 的冰雹云合并,即发展高度相同的冰雹云合并只能在云顶发展高度适中的情况下才会发生。这就意味冰雹云合并不

会发生在同属发展初期(最低亮温高于 230 K,且 $dT_{min}<3$ K)或旺盛期(最低亮温低于 200 K,且 $dT_{min}<3$ K)的对流云,若同属发展初期或旺盛期的对流云发生合并,则只会引起暴雨而不会产生冰雹。

3.3.5　合并差异对区分暴雨云与冰雹云的指示意义

以上统计分析表明,冰雹云合并与暴雨云合并存在明显的差异,从这些差异中能够寻找出卫星云图上区分冰雹和暴雨的因子。

首先,从对流云之间的距离来看,D_{is} 小于一定阈值(统计结果为 $D_{is}<17$ km)的合并只会引起暴雨;而当 D_{is} 大于一定的阈值(统计结果为 $D_{is}>81$ km)时,合并就只会产生冰雹。

其次,冰雹云合并中对流云的面积比 A_r 均未超过 5,当 $A_r>5$ 时合并就只会引起暴雨而不会产生冰雹。

最后,将 T_{min}、dT_{min} 和 A_r 综合起来,得到如图 3.30 所示的合并分布图。在分布图中,根据 T_{min} 和 dT_{min} 的大小划分成了 18 个区间。其中,除 $T_{min}>230$ K 且 $dT_{min}>10$ K 的区间外,在其它 17 个区间内均能够发生合并。暴雨云合并与冰雹云合并在 17 个合并区间中,多数存在差异。例如 $T_{min}<190$ K 时,只发生暴雨云合并,即如果合并对流云的云顶最低亮温低于 190 K,则合并后只会引起暴雨。另外,还可以看出发生冰雹云合并时均可能出现暴雨云合并,而在许多条件下则只会出现暴雨云合并而不会发生冰雹云合并,这些条件(合并只会引起暴雨而不会产生冰雹的条件)主要有四个:

$$\begin{cases} T_{min}<190\text{ K} \\ T_{min}\geqslant 210\text{ K} \quad 和 \quad A_r>2 \\ T_{min}\geqslant 230\text{ K} \quad 和 \quad dT_{min}<3\text{ K} \\ T_{min}\geqslant 220\text{ K} \quad 和 \quad dT_{min}>10\text{ K} \end{cases} \tag{3.6}$$

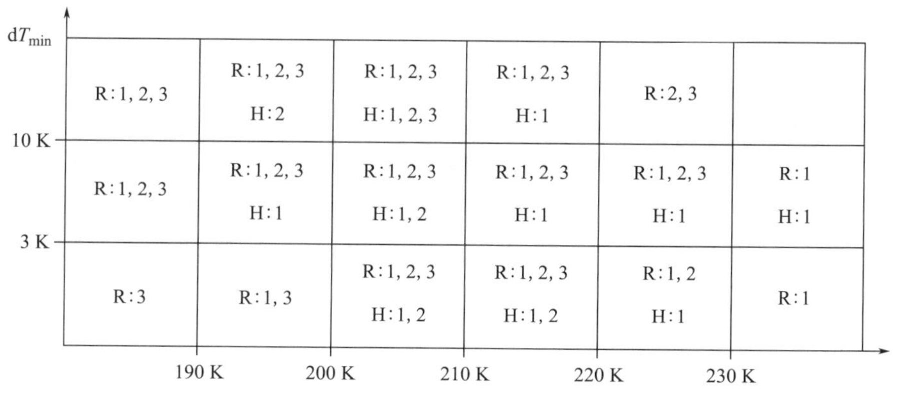

图 3.30　不同条件下合并分布图

(R 表示暴雨云合并,H 表示冰雹云合并,1、2、3 分别表示等积合并、异积合并和吞并合并)

3.3.6　小结

通过对 2001—2009 年夏季所发生的暴雨、冰雹强对流天气卫星云图资料的普查,来分析江淮区域内强天气过程中对流云合并现象的规律。在统计强天气过程中对流云合并出现概率的基础上,重点关注两种不同强天气过程中对流云合并现象的异同点,以此来寻找区分两种强对流天气的线索。

从强天气过程中对流云合并出现的概率来看，冰雹过程中只有65%的过程出现了合并，而且平均每次过程中只出现1.9次对流云合并。但在暴雨过程中，合并过程不仅占到了94%，而且平均每次过程中发生了多达11.6次的对流云合并。相比较而言，暴雨过程有着较长的生命史，鉴于对流云合并能使对流系统具有较长的生命史，因此，暴雨过程中频繁的对流云合并是生命史较长的原因之一。

通过对两类合并异同点的分析发现，两种强天气过程中对流云合并的总体特征相似，主要有：①云顶最低亮温介于200～210 K时，合并频率最高；②云顶最低亮温差异越小，越容易合并。另外，也存在许多不同的特征。并且，能够从四个统计量的差异中，寻找相关信息用于区分对流系统所引起的是暴雨还是冰雹。

参考文献

陈国春，郑永光，肖天贵，2011. 我国暖季深对流云分布与日变化特征分析[J]，气象，37(1)：75-84.

《大气科学辞典》编委会，1994. 大气科学辞典[M]. 北京：气象出版社，754.

丁一汇，柳俊杰，孙颖，等，2007. 东亚梅雨系统的天气-气候学研究[J]. 大气科学，31(6)：1082-1101.

刘黎平，阮征，覃丹宇，2004. 长江流域梅雨锋暴雨过程的中尺度结构个例分析[J]. 中国科学D辑，34(12)：1193-1201.

刘建勇，谈哲敏，顾思南，2011. 梅雨期暴雨系统的流依赖中尺度可预报性[J]. 大气科学，35(5)：912-926.

覃丹宇，方宗义，江吉喜，2006. 典型梅雨暴雨系统的云系及其相互作用[J]. 大气科学，30(4)：578-586.

斯公望，1989. 论东亚梅雨的大尺度环流及其中尺度扰动[J]. 气象学报，47(3)：312-323.

斯公望，1994. 东亚梅雨锋暴雨研究进展[J]. 地球科学进展，9(2)：11-16.

孙晶，楼小凤，胡志晋，等，2007. 梅雨期暴雨个例模拟及其中小尺度结构特征分析研究[J]. 大气科学，31(1)：1-8.

陶诗言，1980. 中国之暴雨[M]. 北京：科学出版社.

郑永光，陈炯，陈明轩，等，2007. 北京及周边地区5—8月红外云图亮温的统计学特征及其天气学意义[J]. 科学通报，52(14)：1700-1706.

郑永光，陈炯，朱佩君，2008. 中国及周边地区夏季中尺度对流系统日变化特征[J]，科学通报，53(4)：471-481.

郑永光，陈炯，葛国庆，等，2008. 梅雨锋的天气尺度研究综述及其天气学定义[J]，北京大学学报(自然科学版)，44(1)：157-164.

DING Y H，1992. Summer monsoon rainfalls in China[J]. Journal of the Meteorological Society of Japan，70：373-396.

PING FAN，LUO ZHEXIAN，TANG XIBA，2014. A simulation of merger of convective clouds in the torrential rainfall associated with the Meiyu front[J]. Meteorology and Atmospheric Physics. 123(1-2)：51-65.

SCHMETZ J，TJEMKES S A，GUBE M，et al，1997. Monitoring Deep Convection and Convective Overshooting with METEOSAT[J]. Advances in Space Research，19(3)：433-441.

TAO S Y，CHEN L X，1987. A review of recent research on the East Asian summer monsoon in China[M]. In：Monsoon Meteorology. Oxford：Oxford University Press，60-92.

TOSHIYUKI KURINO，1997. A Satellite Infrared Technique for Estimating "Deep/Shallow" Precipitation [J]. Advances in Space Research，19(3)：511-514.

第4章　合并过程的宏观特征

选取 2008 年 7 月 22 日发生在淮河流域的一次由对流系统合并引发的局地暴雨过程，综合利用静止/极轨气象卫星、新一代多普勒天气雷达、地面气象观测以及美国国家环境预报中心(NCEP)研制的全球大气再分析数据(简称：NCEP 再分析资料)，对过程中出现的对流系统合并现象进行观测分析，讨论合并影响及其可能的机制。

4.1　资料处理和风场反演

所用资料有 FY-2C 静止气象卫星和 NOAA-18/FY-1D 极轨气象卫星资料，新一代多普勒天气雷达资料、常规气象观测以及地面加密观测资料。

FY-2C 资料是指波段为 10.3～11.3 μm 的红外亮温数据，水平分辨率为 0.05°×0.05°，时间间隔为 30 min。为在 FY-2C 云图上凸显出对流云团，采用了彩色增强处理，以差异明显的色彩来显示云顶亮温信息(具体标准见增强云图中的图例)。另外，还利用 FY-2C 红外亮温资料，提取出每幅云图上云顶亮温低于－52 ℃的深对流区，并将整个过程中深对流区的范围进行叠加，得到此过程中的对流活动区(图 4.1 所示)。极轨气象卫星资料包

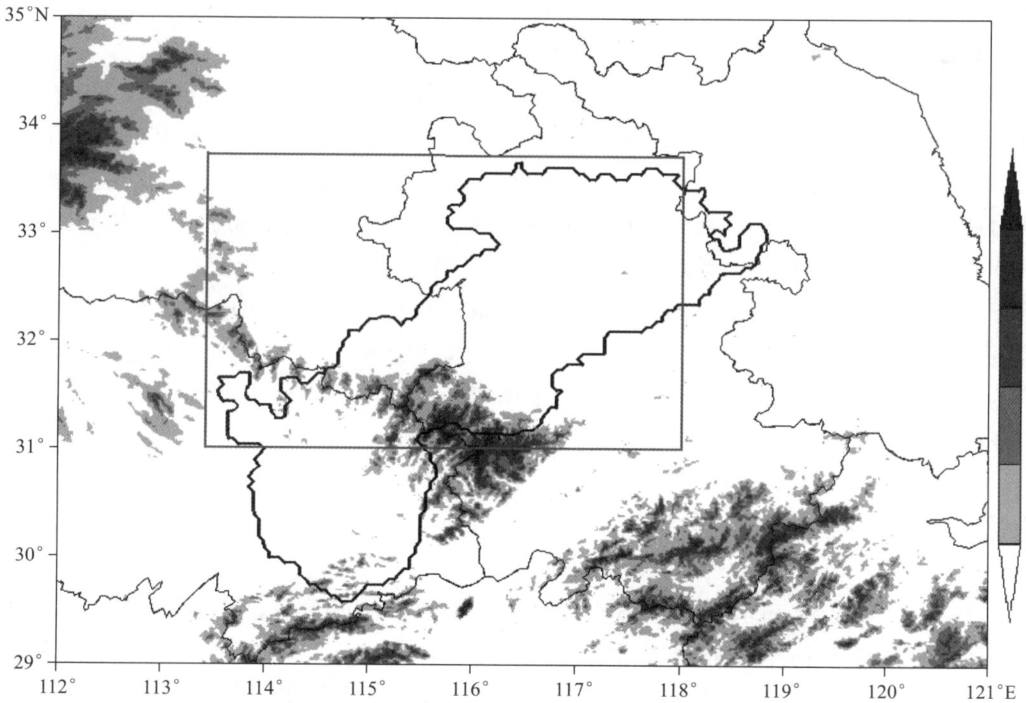

图 4.1　研究区域地理位置

(阴影为地形高度，黑色粗线为对流活动区边界，灰色矩形区为地面气压加密观测区)

括 1、2、4 三个通道的反照率与亮温信息，其中 NOAA-18 资料 1、2、4 三个通道的光谱波段分别为 0.58～0.68 μm、0.725～1.0 μm、10.3～11.3 μm；FY-1D 三个通道的波段分别为：0.58～0.68 μm、0.725～1.1 μm、10.3～11.3 μm。极轨气象卫星资料以三通道彩色合成图的方式进行显示，分别选取为 4 通道、2 通道和 1 通道为红色通道(Red)、绿色通道(Green)和蓝色通道(Blue)进行 RGB 合成。

新一代多普勒天气雷达为合肥站(31.87°N，117.26°E)CINRAD/SA 雷达，海拔高度为 0.165 km，通过天气雷达的接收处理系统(CINRAD-PUP 软件)，得到研究区域内的雷达反射率因子、回波顶高度以及垂直积分液态含水量等产品，并人工筛选出所需要的信息。另外，采用 Sun 等(1991)、Sun 和 Crook(1997)提出的四维变分同化反演方法，进行风场反演。该方法将四维变分同化方法应用到三维云模式，定义价值函数表征雷达资料与模式预报结果之间的差别，通过极小化价值函数得到反演场。研究表明，该方法反演出来的速度场虽然数值显著偏低，但能反演出局地风暴的结构(许小永 等，2004)，可以用来分析对流强风暴的主要特征(Sun 和 Crook，1998；Wu et al.，2000；Xu et al.，2006；牟容 等，2007；孙虎林 等，2011)。考虑到本书重点关注对流云合并过程中的结构，而不是具体的数值，因此，能够使用该方法来进行三维风场结构的研究。采用此方法，利用 2008 年 7 月 22 日 08:00—09:00 时间间隔为 6 min 的多普勒雷达观测资料，进行风场反演，反演区域为以(116.45°E，32.65°N)为中心，数据产品的水平分辨率约为 0.03°×0.03°，东西向和南北向各有 51 个网格点，垂直方向上从 500 m 到 5000 m 等间距地分成 10 层(间隔 500 m)。

本章还使用了常规气象观测资料以及地面加密观测资料。常规气象观测资料主要包括各等压面上的位势高度和风向、风速。地面加密观测资料包括地面降水量和气压的观测信息，其中地面降水量资料来源于安徽省高密度自动雨量站网，时间间隔为 10 min；气压资料来源于地面气象台站，时间间隔为 1 h。

对于降水量而言，先计算出对流活动区内降水量的最大值和区域平均值(算术平均)；再以 10 min 降水量大于 0.1 mm 为标准，计算出降水站点数占对流活动区内所有站点数目的比例，以此来表示降水的范围。同时，考虑到降水范围有随对流云面积大小而变化的趋势，为突出合并过程对降水范围的影响，在分析中首先建立 10 min 降水量大于 0.1 mm 站点比例与深对流区面积的线性模型(复相关系数为 0.87)，再利用模型去除掉变化趋势。

对于气压观测资料而言，由于加密观测区域内仅在南部的部分区域内出现起伏地形，且观测站点的海拔高度较低，除信阳站海拔为 115 m 以外，其余所有站点海拔均未超过 100 m(海拔最高为金寨 94 m)。因此，区域内地形对海平面气压的影响相对较小，处理过程中不再对海平面气压进行订正处理。

4.2 研究个例的天气背景

2008 年 7 月 21 日到 23 日淮河流域出现了大范围的强对流天气，沿淮淮北大部出现了不同程度的暴雨灾害。从高空形势演变(图 4.2)来看，在 21 日 12:00(世界时，以下均为世界时)的 500 hPa 高空图上，西太平洋副热带高压(简称副高)呈东北—西南走向，控制着我国华南和长江下游地区，我国河套地区至蒙古国为高压脊控制，淮河流域位于两高压之间的低压区之中。

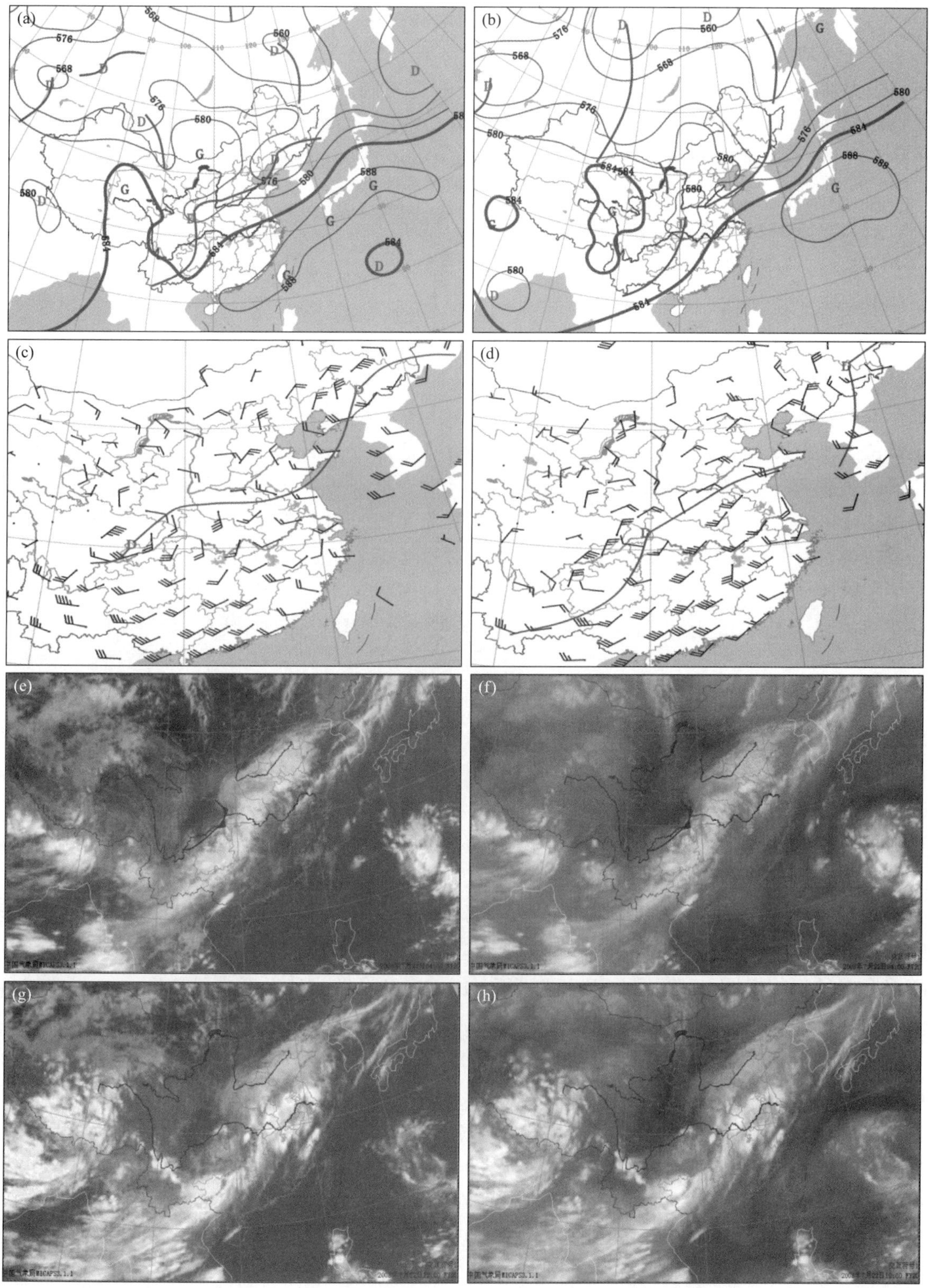

图 4.2　2008 年 7 月 21 日到 23 日高空形势演变图和红外卫星云图(世界时)

(a)21 日 12:00 500 hPa 位势高度场;(b)22 日 12:00 500 hPa 位势高度场;(c)21 日 12:00 700 hPa 风场;(d)22 日 12:00 700 hPa 风场;(e)22 日 04:00 红外云图叠加锋面;(f)22 日 04:00 水汽云图叠加锋面;(g)22 日 12:00 红外云图;(h)22 日 12:00 水汽云图

另外，我国东北和西南地区分别有冷涡和西南涡存在，冷涡后部的东北气流引导弱冷空气影响淮河流域地区，使得该地区的大气层结趋于不稳定。至 22 日 12:00，东北冷涡减弱东移，西南涡东移至湖北境内。在 700 hPa 风场上，大陆高压底部的东北气流和副高北侧的西南气流形成的切变线维持在西南地区至黄淮地区一带，西南涡前部的暖切从湖北一直延伸至淮河流域，在近东西向的暖式切变线上不断有对流云团生成东移和合并，引起了这次强降水过程。

4.3 暴雨对流云合并特征

4.3.1 卫星云图特征

从静止气象卫星云图上来看，2008 年 7 月 22 日在湖北到安徽一带存在着一个西南低涡东移发展形成的锋面系统。如图 4.2 所示，在 22 日 04:00，冷锋主要位于湖北到四川一带，而暖锋位于河南到山东安徽一带。安徽正好处于冷锋前进方向上的对流云易发区内。从卫星红外云图来看，有一条呈现西南—东北向的“S”型云带位于 500 hPa 的冷锋东侧，该云带白亮且结构比较密实，说明云顶亮温较低，且存在一些对流系统。而在暖锋的移动方向后部也存在着一个云带，相比较于冷锋云带而言，这一云带云顶亮温较高且结构松散。从水汽图像上来看，有一条从西南过来的呈现白亮的水汽输送带，为冷/暖锋云系的发展提供水汽。而在冷锋后部存在一个色彩较暗的干区，干空气从这一区域侵入水汽输送带中，使得水汽抬升形成大片云系。

从 04:00—10:30 淮河流域及其周边地区 FY-2C 增强红外云图(图 4.3)可以看出，在湖北西北部有一螺旋状云系与低涡相对应，从螺旋(低涡)中心向东北和西南两个方向各伸出一条锋面云系，分别与暖锋和冷锋对应，两锋面云系围绕低涡中心形成 S 形。在呈 S 形的两云系中间——冷锋前进方向，存在着两个大的中尺度对流系统 A 和 B 以及多许尺度小的对流单体。伴随的螺旋状云系的减弱(螺旋状逐渐不明显)东移，冷锋前进的方向上新生了许多对流单体，并且出现了对流单体之间的合并以及两个 MCS 间的合并。另外，还可以看到在两个 MCS 的合并过程中，有一条用于连接两 MCS 的窄云带。从云图上来看，该云带是两云团接近时由南侧的 MCS 外延而产生。连接云带在两个 MCS 合并发展过程中起了物质与能量交换的作用。随着合并过程的发展，云带不断变宽，并最后融入 MCS 合并主体云系中而消失。

根据合并的进程，将整个过程分为：单体发展、云桥形成以及系统合并三个阶段。

07:00 之前为 A 与 B 两个单体独自发展的阶段，其中对流系统 A 由一个对流单体发展而成，在发展过程中与东侧的对流系统 D 有接触，并有连接桥 F 产生。但两系统最终并未合并成一体，A 继续发展而 D 则减弱消散。对流系统 B 的发展过程与 A 有所不同，在 B 的发展过程中，出现了两次合并现象：第一次为 B 与其东侧的对流 C 合并，形成尺度更大的系统(仍然命名为 B)；随后，B 又将系统东部出现的小对流单体 E 吞并，使其尺度再次增大。该阶段中，虽然对流系统 A 和 B 均在其发展的过程中出现了云团相连接的现象，但是 A 与 D 之间最终并未形成一体，而对流系统 B 分别与 C、E 经历两次合并过程后形成了一个整体，并使得 B 的尺度不断增大。

07:00—08:30 为合并初期，以云桥的形成为主要标志。07:00 以后对流系统 A 和 B 相互靠近，并在 07:30 由 B 伸出一指向对流系统 A 的线状云——G。随后 G 继续发展，最终形成

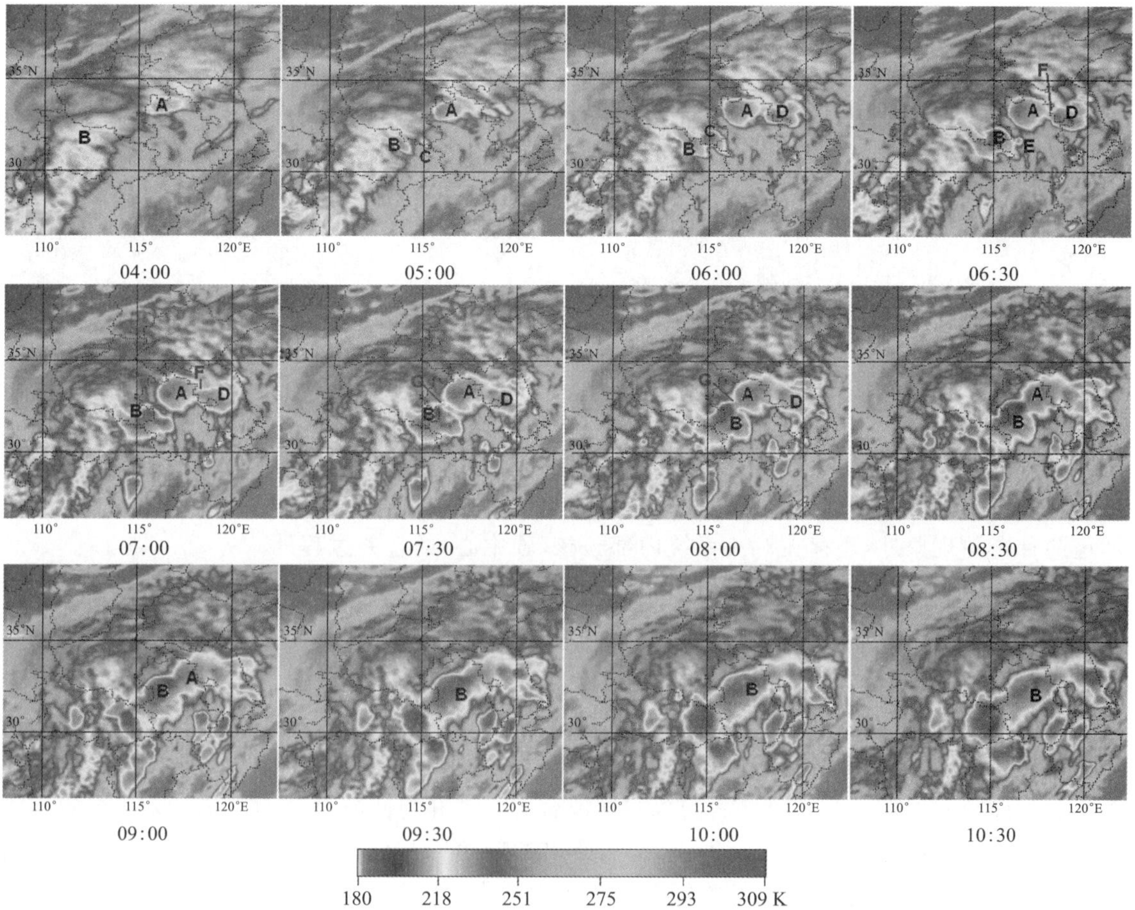

图 4.3　2008 年 7 月 22 日 04:00—10:30(世界时)FY-2C 增强红外云图

连接对流系统 A 与 B 的云桥，使两者合并为一体。

08:30 以后为系统合并阶段，对流系统之间开始相互作用，并最终形成一个尺度更大的对流系统。卫星云图上，对流系统 A 和 B 云顶的低亮温区(褐色区域)发生了逐渐向 G 的位置偏移，并连接成为新的云顶低亮温中心。这一阶段中，先出现外围云系连接，而后才出现对流中心(云顶低亮温区)的合并，而中心的合并则表示整个对流系统合并过程已完成。

通过 08:17 的 NOAA-18 和 08:43 的 FY-1D 极轨气象卫星多通道合成图(图 4.4)，还可以发现对流系统 B 内部出现了多个云核(强中心)间的合并现象。08:17(图 4.4a)，对流云顶均为粉红色冷云所覆盖，且出现了三个上升运动强的云核(图中黑色箭头所指的三个圆形凸起)。25 min 以后(图 4.4b)，三个对流核形成的逗点状云团已经合并，成了该云团新的强中心。此外，对流系统北侧的边界依然光滑，且云顶的纹理结构也比较密集并具有一定的规则性。这说明，在对流系统的移动发展过程中，发生云核合并以后，云团的边界变得更加光滑、结构也更加紧密，整个对流系统得到了进一步的增强。

通过以上分析可以看出，这是一次较为典型的对流系统合并过程，不仅对流云之间的合并类型多样，三种合并类型：两云团一次合并、多个云团一次合并、多云团多次合并；而且是一个多尺度对流系统合并过程，除单体合并形成对流系统，以及对流系统间通过云桥的作用融为一

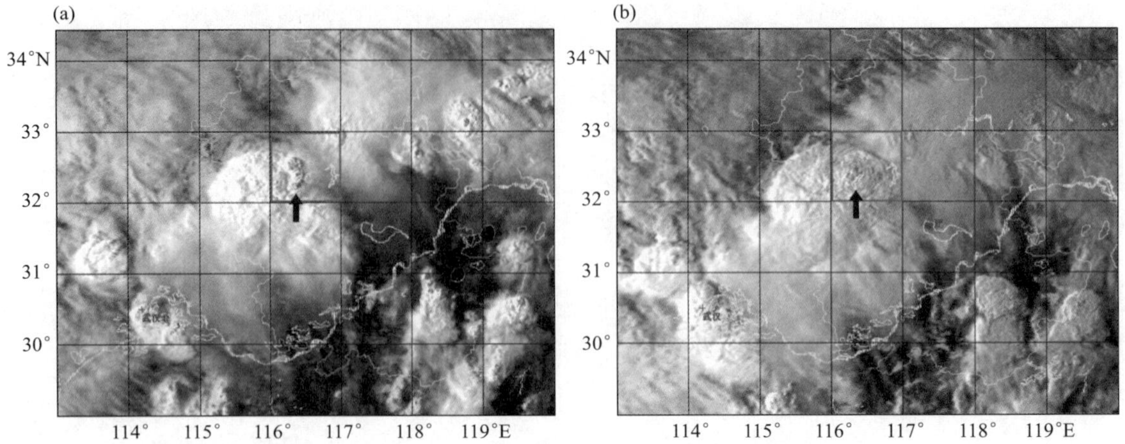

图 4.4　2008 年 7 月 22 日 08:17(a)和 08:43(b)多通道伪彩色合成图(世界时)

体这两种合并现象外,还存在对流系统内部云核(强中心)的合并过程。

4.3.2　雷达回波特征

4.3.2.1　对流系统合并

首先在 0.5°仰角雷达反射率因子分布图(图 4.5)上,有东西两大片回波区与两个 MCS 相对应。07:15 开始,南侧 MCS(回波图中标注为 A,以下简称为回波 A)的东北角开始出现了两个呈长形的孤立回波。半小时以后两孤立回波合为一体并与回波 A 主体连接,成了 A 向东北侧延伸出的一个触角。到 08:15,回波 A 延伸出的触角回波已经完全消失。与此同时,北侧 MCS(回波图中标注为 B,以下简称为回波 B)也向西南方向新生出了一个小触角回波,在随后的半小时内逐步发展,并最终成了连接回波 A 和 B 的桥梁。随后两 MCS 的回波逐步合并,最终成为一片面积更大的回波。

从 0.5°仰角径向速度分布(图 4.6)来看,07:15 回波 A 已经表现出辐合的特征,而回波 B 则表现出辐散的特征。另外,回波 A 东北角两个呈长形的孤立回波(标注为 C、D)中一个辐散,一个辐合。此时,在 2.4°仰角(图 4.7)上,回波 A 的辐合辐散特性不明显,而回波 B 和回波 D 则分别表现出明显的辐合和辐散特性。因此,在 07:15 系统 A 低层的辐合特性将促使系统进一步发展,而北侧 MCS 低层辐散高层辐合的结构表明系统以下沉气流为主,已经开始进入消散阶段。

半小时以后(07:45),在低层(0.5°仰角)回波 A 依然表现出辐合特性,两长形孤立回波 C 和 D 合并后(标注为 E)也仅在回波的尾部(与回波 A 连接处)有弱的辐合特征,其他部位无明显的特征;而回波 B 则开始由辐散特征转变为了辐合的特征,说明回波将再次发展。在 2.4°仰角上,回波 A 出现了明显的辐合特征,而回波 B 依然表现出辐合特性且径向速度有所增大;另外,回波 E 的辐合辐散特性已经不明显。

08:15,北侧 MCS 变得活跃起来,在 0.5°和 2.4°仰角图上均表现出辐合特性,这说明此时对流系统的发展高度已经远超过 2.4°仰角所能探测的高度(5～6 km),系统发展旺盛。与此同时,回波 A 也出现了径向速度变大,辐合变强的特点。这些都说明这两个 MCS 系统在此时均有发展的趋势。随后两 MCS 逐渐合并,径向速度场也逐渐由多个独立系统结构演变成了

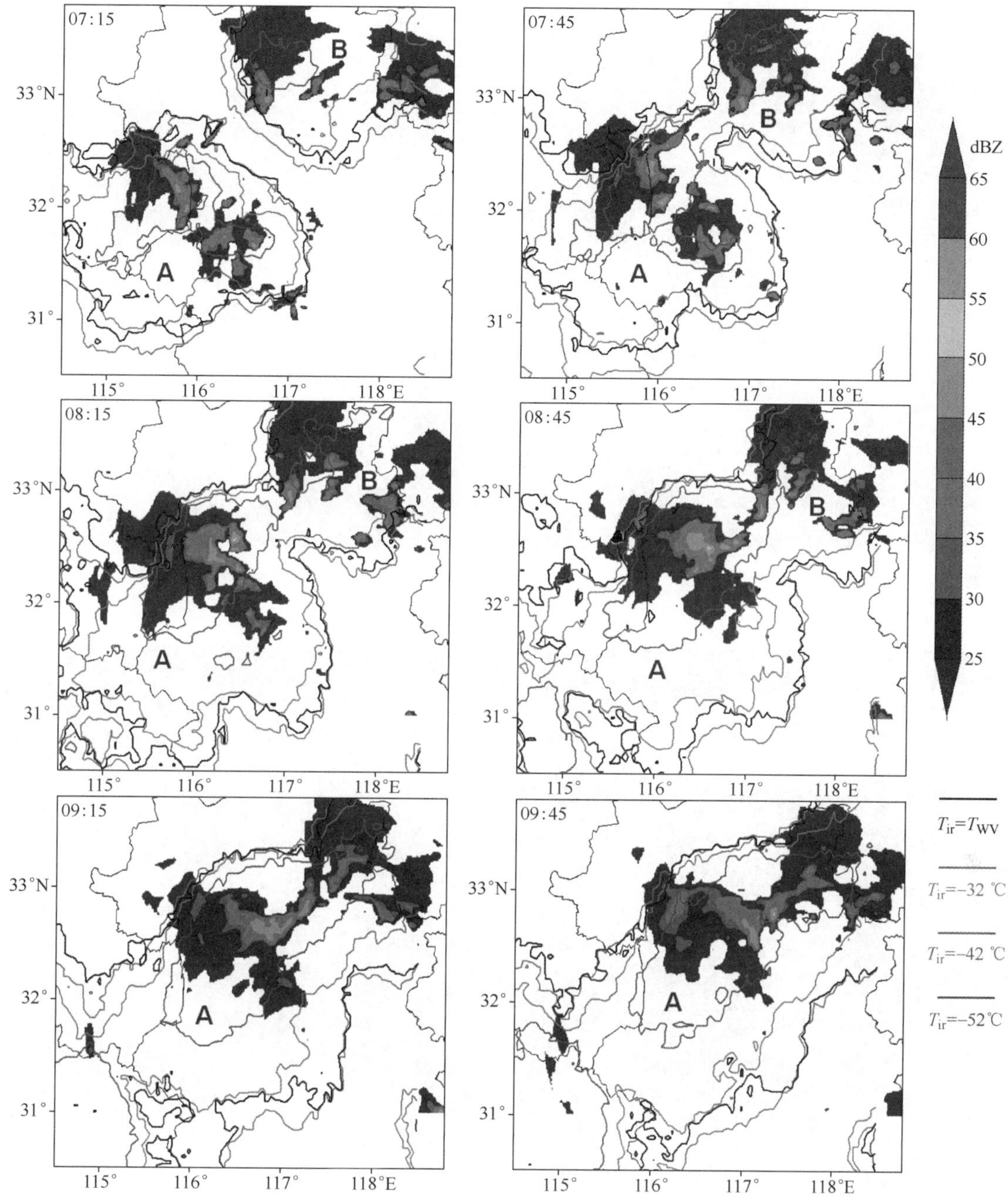

图 4.5　合肥雷达 0.5°仰角反射率因子和卫星亮温等值线叠加图(世界时)(彩图见书末附页)
(黑色线:$T_{ir10.7}=T_{wv6.7}$;绿色线:$T_{ir10.7}=241$ K;橙色线:$T_{ir10.7}=231$ K;红色线:$T_{ir10.7}=221$ K)

一个整体。09:15 开始,合并后的系统回波在低层开始出现辐散特征,系统开始消散。

从径向速度图的分析来看,在两 MCS 合并开始时,一个处于发展阶段,一个处于消散阶段,这与上一节中气象卫星所观测的结果相同。合并开始以后,发展阶段的 MCS 继续发展,而处于消散阶段的 MCS 则出现了低层辐合高层辐散的结构,致使系统再次增强,最终两 MCS 合并成了一个更大的中尺度系统。

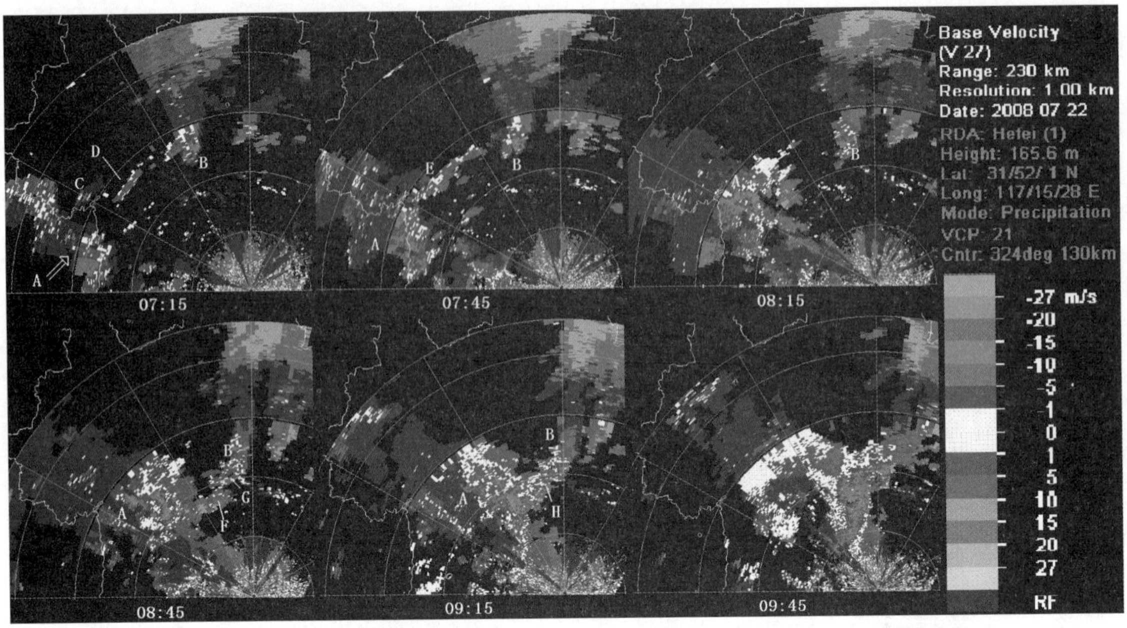

图 4.6　合肥雷达 0.5°仰角径向速度图(世界时)(彩图见书末附页)

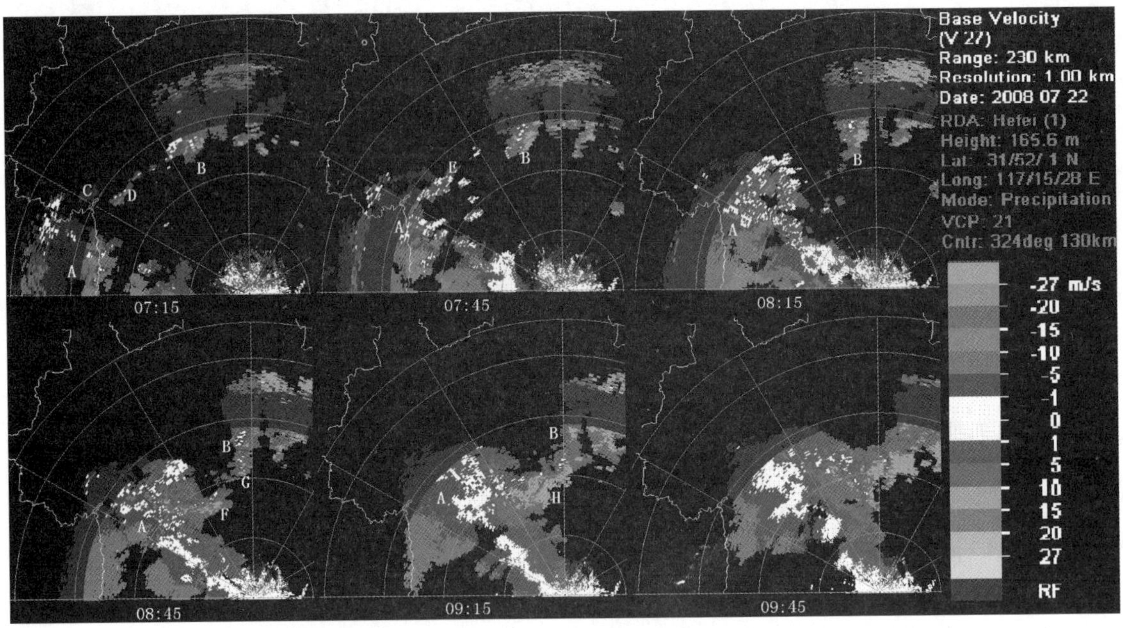

图 4.7　合肥雷达 2.4°仰角径向速度图(世界时)(彩图见书末附页)

4.3.2.2　云核合并

在 08:15 的组合反射率因子分布图(图 4.8a)上,可以看到三个呈南北向排列的反射率因子大于 50 dBZ 的强回波中心(图中标注为 1,2,3)。6 min 以后(图 4.8b),三个中心有不同程度的发展。12 min 以后(图 4.8c),虽然三个强回波中心尚未完全合为一体,但三者外围大于 45 dBZ 的回波已经连成一片。08:39(图 4.8d),三个强回波中心已合并为一个尺度更大的强中心。

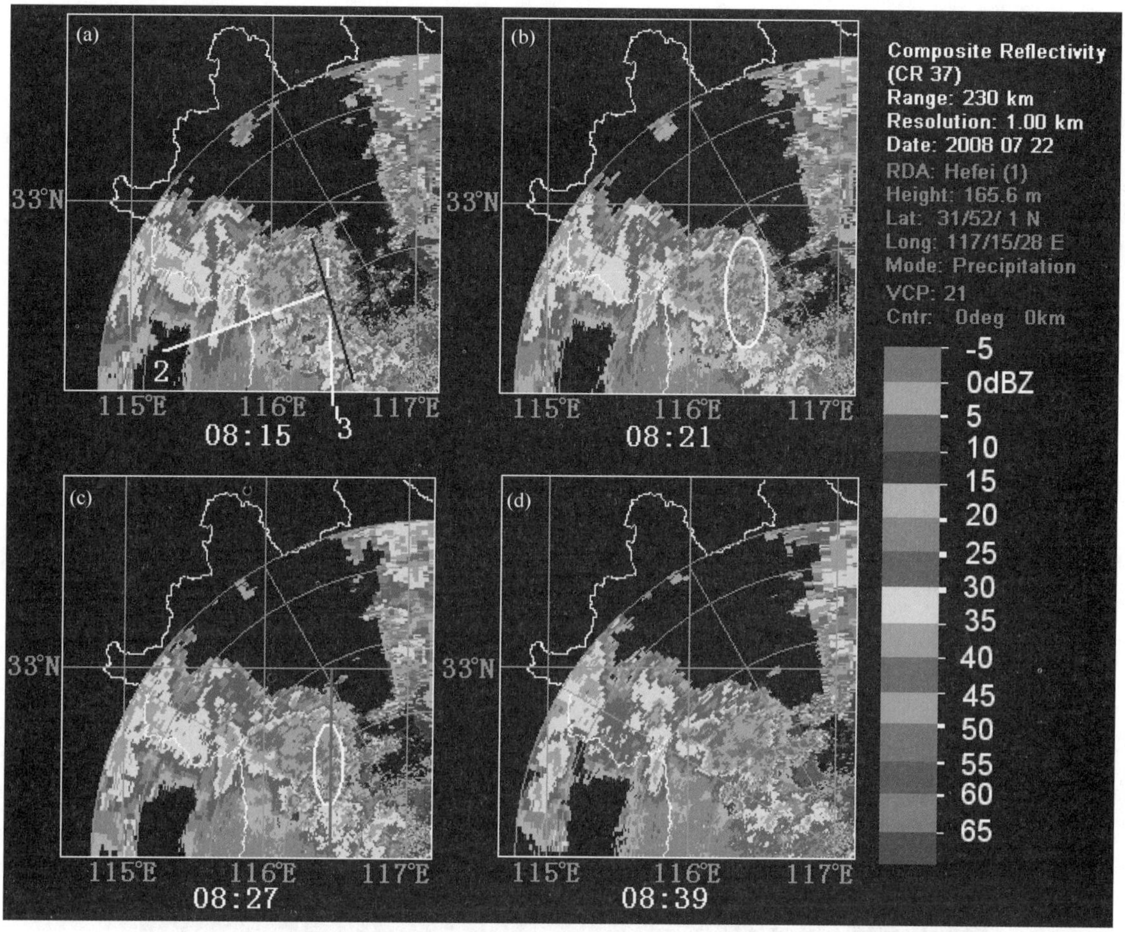

图 4.8　2008 年 7 月 22 日 08:15—08:39(世界时)合肥雷达组合反射率因子

(黑色线表示图 4.9 垂直剖面位置,灰色线表示图 4.15 垂直剖面位置)

从组合反射率因子分布图上三个强中心的垂直结构分布(图 4.9)还可以看出,08:15(图 4.9a)北侧的两个强中心已经处于同一对流云回波中但并未合并,该对流云的云顶高度为 12 km 左右;而南侧的强中心则为一个孤立对流云,云顶高度也已达到 15 km。08:21(图 4.9b)各强中心仍然各自独立,且云顶高度没有明显变化。08:27(图 4.9c)三个强中心合并成了一个,此时云顶高度升高到了 18 km。随后,合并后的对流云继续发展,云顶高度最高达到 19 km 左右(图略)。08:39(图 4.9d)以后,合并后的对流云开始逐渐减弱消散。从中可以看出,云核合并后云顶高度有所增加,合并过程使得云体的发展得到增强。

统计 07:56—09:03 云核合并区(图 4.4a 中的灰色矩形区域,范围为:32°—33°N、116°—117°E)内回波顶高(Echo Top,ET)和垂直积分液态含水量(Vertical Integer Liquid,VIL)的最大值,并制作时序变化曲线(图 4.10)。从中可以清晰地看出在三个强中心合并前(08:21 之前)对流区域内最高 ET 有缓慢降低的趋势,最大 VIL 维持不变。而在合并过程开始以后的 6 min 内,最大 VIL 就由 43 kg/m^2 上升到 53 kg/m^2,最高的 ET 则在 12 min 以内由 14.8 km 上升到 19.2 km。这两个物理量的显著变化均说明,三个强中心的合并使得云体发展,系统得到增强。对比两量的变化,可以看出最大 VIL 在经历短暂的增加后就回落到了合并前的水平,而最高 ET 则升高较长的时间且出现了波动。此外,最大 VIL 达到极值的时间要早于最高 ET，说明合并过程先导致云中液态水含量的集中，随后才在加强的上升运动作用下，使得云顶高度明显升高。

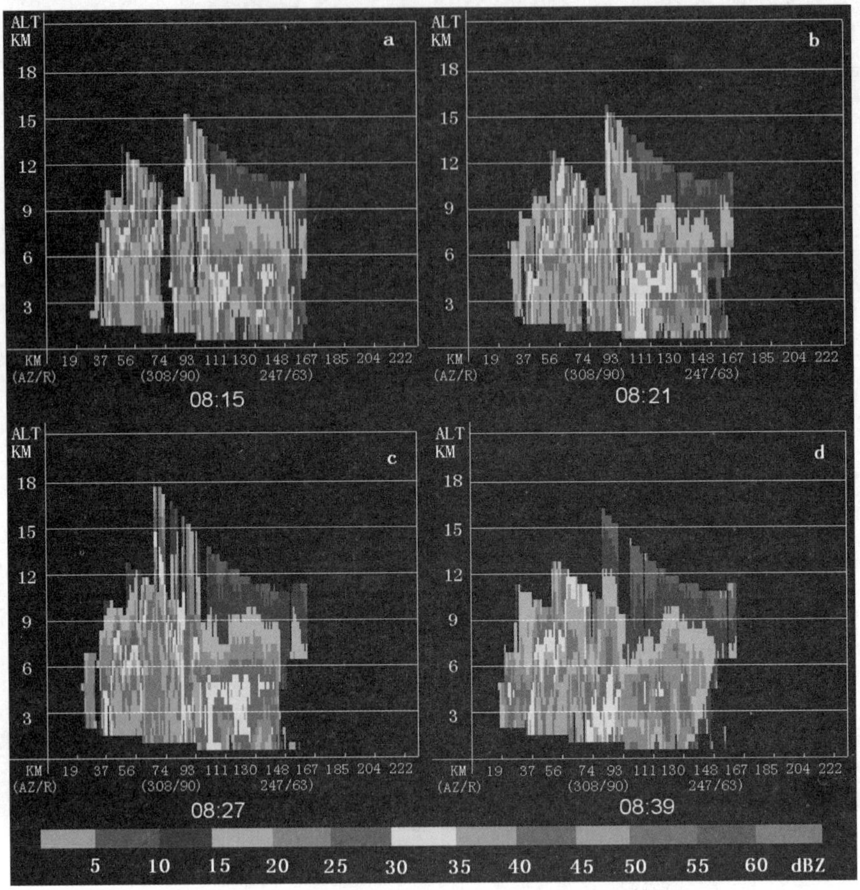

图 4.9　图 4.5 雷达回波对应的垂直剖面

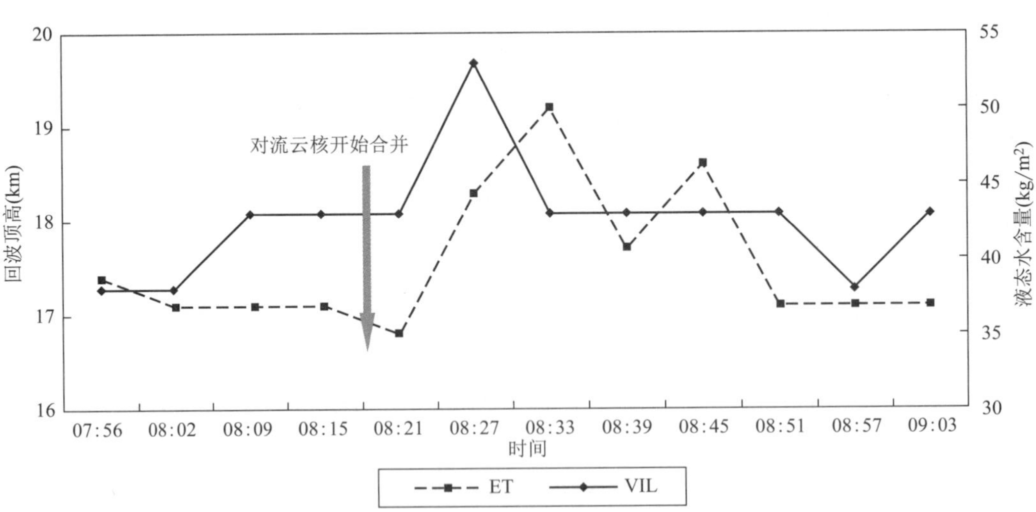

图 4.10　2008 年 7 月 22 日 07:56—09:03(世界时)云核合并区内回波顶高和垂直积分液态含水量最大值的时间变化

4.3.3　雷达/卫星联合观测分析

由于雷达探测范围有限，因此在雷达回波图上无法对整个低涡系统及其锋面进行分析，这也是雷达观测与卫星观测的主要差异之一。从雷达回波的演变来看，与卫星云图上观测到的对流系统 A 通过云系外延与 B 相连接，并逐渐合并成一体的演变过程有所不同，雷达回波出现了“连接-断裂-再连接-合并”的变化特征。图 4.5 为 07:45—08:45 雷达回波强度与 FY-2D 卫星亮温信息的叠加图，图中色斑图为雷达回波分布，等值线为亮温分布。在亮温等值线中，增加了一条 $T_{ir}=T_{wv}$ 线(其中 T_{ir} 表示中心波长为 10.7 μm 的红外通道亮温，T_{wv} 表示中心波长为 6.7 μm 的水汽通道亮温)，考虑到当 T_{ir} 与 T_{wv} 接近时，云顶发展已经到大气中湿层顶部所在的高度。因此，$T_{ir}=T_{wv}$ 线能够表示云体中湿层顶部所在的位置，而线内包含的区域则表示云体已经超过了湿层顶部。

从卫星等值线和雷达回波叠加图上可以看出，雷达回波仅仅出现在云顶亮温小于－32 ℃的部分区域内，且回波分布比较分散。另外，在 07:15，南侧的对流系统 A 中 $T_{ir}=T_{wv}$ 线与－32 ℃线相接近，有的地方甚至重合；而北侧的对流系统 B 中 $T_{ir}=T_{wv}$ 线则介于－32 ℃与－42 ℃线之间，且有的地方与－42 ℃线重合。因此，对流系统 A 中－32 ℃区域大部分都在湿层以上，说明上升气流比较强，使得云体发展到了较高的高度；相比较而言，对流系统 B 中发展超过湿层顶部的区域比例较少，云中上升气流不如 A 强，无法支持更多的云体发展到湿层以上。

另外，在对流系统 A 云顶亮温低于－52 ℃的冷云区中心内，出现了三片最强值在 50 dBZ 左右的雷达回波；而在系统 B 中只有在靠近系统 A 一侧的冷云区(云顶亮温低于－52 ℃的区域)附近出现了一片最大值在 50 dBZ 左右的回波，且回波最大值不在亮温低于－52 ℃的区域内，而是向西南方偏移。说明，卫星观测冷云区与雷达强回波中心在空间位置上并不重合。随后，对流系统 A 和 B 开始相互作用，到 07:45，A 与 B 已经连成一体，而此时雷达回波却并未连成一片，仅仅是对流系统 A 向 B 伸出了一个触角状的回波。半小时以后(08:15)触角状回波消散，取而代之的是系统 B 的强回波开始向 A 的方向变形，并逐渐与系统 A 向连接。在随后的变化中，强回波逐渐向冷云区靠拢，最终在 08:45，强回波与冷云区重合。而此时，对流系统 A 与 B 不论是从卫星云图还是从雷达回波上来看，均已经连成一体，仅仅是在雷达强回波尚未合并。09:15 雷达强回波也合并在了一起，并且强回波与冷云区在空间位置上有很好的对应。在这一合并过程中，$T_{ir}=T_{wv}$ 线出现了逐渐靠近－32 ℃线的趋势，且在局部 $T_{ir}=T_{wv}$ 线几乎与－32 ℃线重合。

从以上分析中可以看到，$T_{ir}=T_{wv}$ 线所处位置与系统发展阶段有关，当系统增强发展时，由于上升气流较强，更多的水汽被带到湿层顶以上，使得云体中有更多的部分发展到湿层顶以上，导致 $T_{ir}=T_{wv}$ 线向 T_{ir} 等值线的高数值一侧扩展；而在系统减弱消散阶段，由于下沉气流占主导，云中仅有少部分能够发展到湿层以上，云顶高度在下降，从而使得 $T_{ir}=T_{wv}$ 线向 T_{ir} 等值线的低数值一侧萎缩。另外，冷雨区与雷达强回波在空间位置上的对应关系也能够反映出系统的发展阶段。当对流系统 B 处于消散阶段时，强回波向西南方偏离了冷云区；而在处于发展阶段的对流系统 A 中以及 A 和 B 合并后系统的增强发展过程中，强回波均位于冷云区内，也就是说，两者在空间位置上有很好的对应关系。

因此，通过雷达回波与卫星亮温的叠加分析可以了解到，$T_{ir}=T_{wv}$ 线以及强回波与冷云区的对应关系是反映系统发展阶段的一个有用的参数：① 当系统处于发展阶段时，$T_{ir}=T_{wv}$

线向−32 ℃线逼近；强回波位于冷云区内。②而当系统处于消散阶段时，$T_{ir}=T_{wv}$ 线向低温区萎缩，且强回波偏离了冷云区，两者在空间位置上不重合。

4.3.4 地面降水演变特征

从对流活动区内地面降水量的时间变化（图 4.11）可以看出，降水量的演变过程中出现了多次增强过程。这些增强过程分别开始于 05:00、06:20、07:10、07:40、08:50。去除随深对流区面积的变化趋势后，10 min 降水量大于 0.1 mm 站点数所占比例随时间的变化也表现出几次明显的增加过程，分别出现在：05:20、06:20、07:10、07:40、08:50。与最大降水量的变化相比，除第一个增加过程出现的时间不一致外，其余均发生在相同的时间点上。

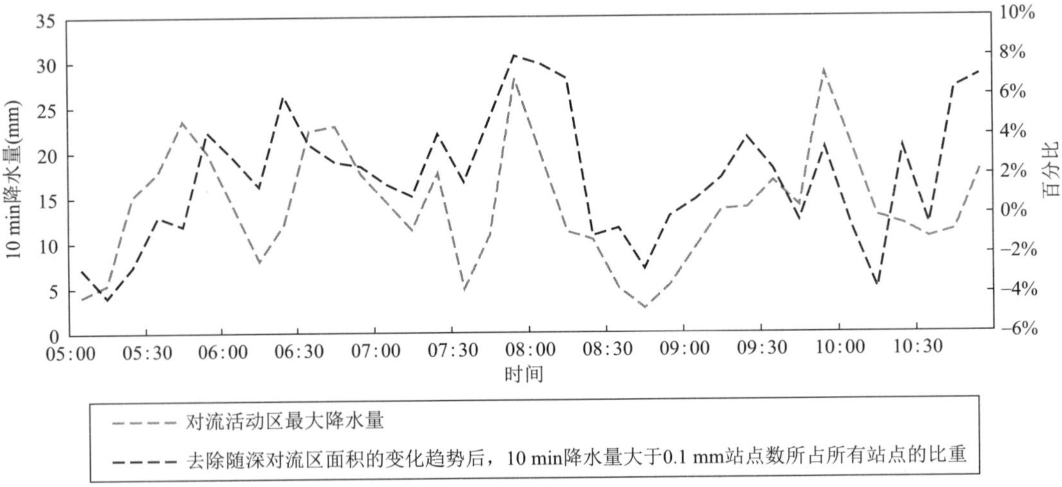

图 4.11 2008 年 7 月 22 日 05:00—10:50（世界时）对流活动区内地面 10 min 雨量观测结果

而卫星云图（图 4.3、图 4.4）上，分别在 06:00、07:00、07:30 和 08:17 出现了不同尺度的合并现象：06:00 为对流单体 B 和 C 的合并；07:00 对流单体 B 和 E 开始合并；07:30 对流系统 A 和 B 开始合并；08:17 以后对流云核间开始合并。因此，结合卫星云图可以看出：①06:00 之前地面降水的增强是对流单体活动而引起：对流单体独自发展到成熟阶段后在地面引起了短时强降水，降水范围也有所增大；随着对流系统的衰弱，降水强度和范围均开始减弱。②地面降水在 06:20、07:10、07:40 以及 08:50 出现明显的变化，10 min 内最大降水量分别增加了 10.3 mm、4.3 mm、14.3 mm 和 4.15 mm，增幅为 85%、55%、160% 和 78%；这与 06:00、07:00、07:30 和 08:17 卫星云图上出现的对流合并正好相对应。

此外，还统计三个对流核合并区域（图 4.4a 中深灰色矩形区域）内地面 10 min 降水量的最大值和算术平均值。从降水时间序列（图 4.12）来看出，降水主要发生在 08:50—09:40，最大降水量和平均降水量的极值分别出现在 09:30 和 09:10。考虑到对流云核合并过程从 08:21 开始，因此，强降水主要发生在云核合并以后。结合雷达回波分析可以看出，在合并后 VIL 和 ET 最大值的增长阶段，降水量较小几乎为 0；而当最大值均开始减小时，地面开始才出现强降水。说明对流云核的合并过程先将水汽集中，使得云体发展，而后将大量的水汽以强降水的形式下落到地面。VIL 最大值的一次增加过程引起云体发展，而一次减小过程则意味着有大量水汽离开云体下落到地面，引起强降水。

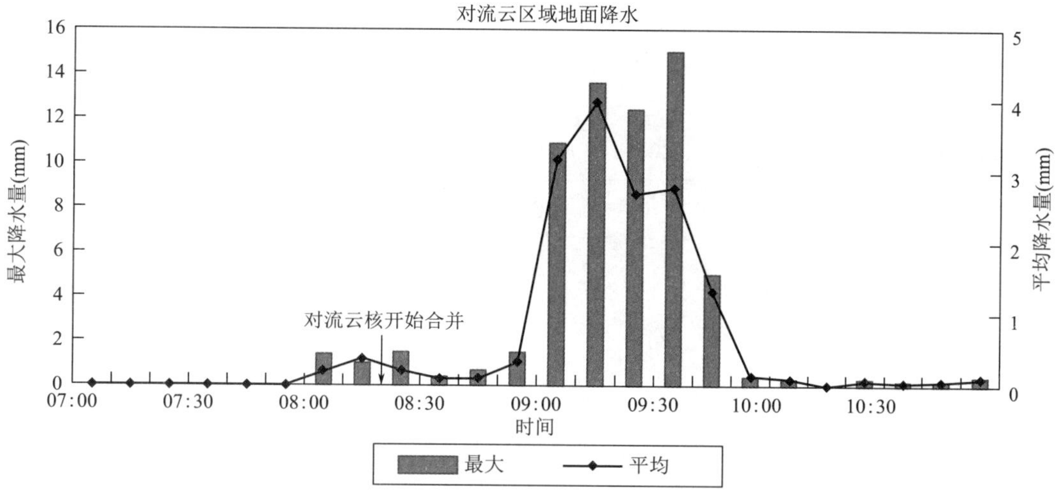

图 4.12　2008 年 7 月 22 日 07:00—10:50(世界时)云核合并区内地面 10 min 雨量观测结果

以上三个方面的分析表明,对流云团之间发生合并以后,地面降水强度和范围也有所增加;而云核的合并不仅使云体得到了发展,而且还在地面引起了较强的降水。另外,四次降水强度再增强和降水范围再扩大的过程,还使得对流活动区内不断出现降水,从而使得区域内降水持续较长的时间。

4.4　暴雨对流云合并产生的机理

关于对流云合并的机制,Orville(1980)和 Takahashi(2001)均认为云下层显著的气压场梯度或扰动是促使合并的主要原因,而黄美元(1987)则认为除气压场外,相邻对流间气流的相互作用,也是合并的主要原因之一。此外,付丹红(2007)还通过模拟分析,提出降水性强单体合并可以分为两种:①一个单体降水形成的强下沉气流加强了另一个单体的上升气流的同时,在单体间还因地面辐合产生上升气流,产生了云桥,实现合并。②由于云体的扩大导致与另一云体的连接,最后实现流体动力场合并。从以上研究可以看出,对流合并过程的影响机制可以归结为动力合并和云体碰撞这两大类。其中动力合并主要包括下层气压梯度力、对流间下沉-上升环流的加强,而云体碰撞主要指两云体因扩大发展相遇而碰撞连接。

为了解本次多尺度对流合并过程的可能机制,利用 NCEP 再分析资料、地面加密观测数据以及雷达探测信息这三种不同时空分辨率的资料,分别从大尺度环境场、地面气压场以及低层大气三维风场三个方面,来探讨合并机理。

4.4.1　大尺度环流的作用

利用 2008 年 7 月 22 日 06:00 NCEP 资料,对系统 B 所在区域(以下简称区域 1)和系统 A 所在区域(以下简称区域 2)垂直方向上的物理量分布情况进行分析,从剖面图(图 4.13)可以看出:

(1)区域 1(图 4.13d)内存在一个强的垂直上升速度中心(112°E 附近,300～700 hPa 为垂直速度负值中心,最低值小于－1.5 Pa/s)和下沉速度中心(115°—116°E,400～600 hPa 为垂

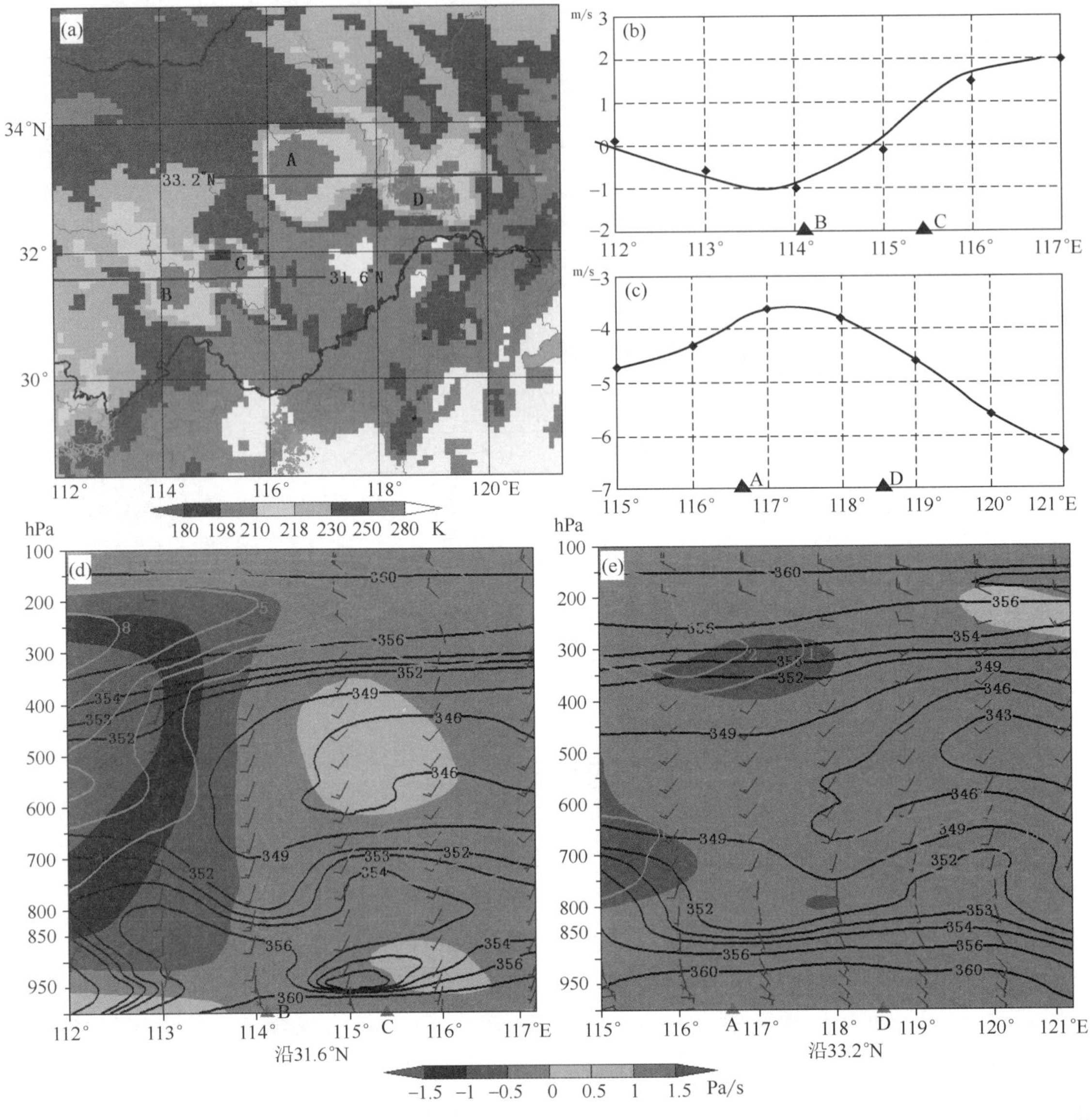

图 4.13 2008 年 7 月 22 日 06:00(世界时)增强红外云图(a)及合并区域内沿 31.6°N(b,d)和 33.2°N(c,e)的垂直剖面(图 b、c 为 950 hPa 水平风 u 分量;彩色阴影为垂直速度,单位:Pa/s;黑色等值线为等位温线,单位:K;绿色等值线为云水含量,单位:0.1g/kg,蓝色风标为水平风场)(彩图见书末附页)

直速度正值中心)。位温的垂直分布以 114°E 为界可划分为东西两部分,其中西半部在垂直方向上可分为 950 hPa 以下、950~600 hPa 以及 550 hPa 以上三段,低层和高层均为随高度位温递增的稳定层,而中间为随高度递减的不稳定层;东半部在 115°E 附近的 950 hPa 和 500 hPa 上分别存在两个低位温中心,其他地区随高度呈弱的递减趋势。从垂直速度和位温的分布来看,在 114°E 以西的区域存在一个厚(950~600 hPa)的不稳定层结且为上升运动区。而 114°E 以东的区域则分别在 950 hPa 附近和 600~400 hPa 出现了两个明显的稳定下沉气流区。从 950 hPa 水平风 u 分量的数值(图 4.13b)来看,115°E 以东为正值(偏西风),115°E 以西为负值(偏东风)。也就是说 950 hPa 等压面上 115°E 附近存在一个由中心向两侧的出流区。另外,水平风表现出随高度顺转的特征。

(2)区域2(图4.13e)内,垂直方向上均以上升速度(垂直速度均为负值)为主,仅在东部高层(300～200 hPa)出现了小范围的下沉速度。位温的分布总体上呈随高度递减的变化特征,仅在120°E以东500 hPa和200 hPa处各出现了一个低值中心。而且,只有200 hPa的弱低值中心附近出现了下沉速度,500 hPa处仍为弱的上升速度。从垂直速度和位温来看,总体呈上升运动,地域差异仅表现为上升运动的剧烈程度。在950 hPa等压面上,水平风u分量(图4.13c)表现为一致的负值(偏东风),南北差异仅表现为风速的大小。另外,水平风也出现了明显的随高度顺转的变化规律。

从以上分析可以看出,区域2内垂直运动的均一性较好,而区域1内东西向差异较大。在区域1内,950～600 hPa附近的西部为上升运动,东部为下沉运动。另外,在950 hPa高度附近,西部存在的上部上升运动和下部下沉运动,会引起垂直方向上出现一个辐散区;而东部的特征则正好相反,出现一个辐合区。东部(115°E附近)950 hPa高度上出现的水平流出区,正好为垂直方向上的辐合气流提供一个水平方向上的出口。这样,东部的辐合气流就能够在950 hPa这个高度上向西输送到西部的辐散区内。从而将950～600 hPa附近东部的下沉气流向西输送到上升气流区,构成一个环流,促进区域内两个对流系统的合并。由于区域2内不存在着南北向的差异以及能够将两系统连接起来的机制,因此该区域内A和D并未实现真正的合并。总的来说,950 hPa高度附近因垂直运动东西向差异而产生的自东向西气流(与对流系统移动方向相反),是对流单体之间合并的有利大尺度背景条件。

4.4.2　地面气压梯度的作用

利用06:00—09:00的地面气象站所观测的海平面气压,对系统A和B合并过程中地面气压的分布(图4.14)进行分析。06:00区域内对流系统A和B之间,地面存在一个低压中心,其中心气压低于998 hPa。对流系统A的地面存在一个高压中心,中心气压高于1001 hPa;而对流系统B中地面最高气压约为999 hPa。地面气压梯度的存在,使得地面上出现了自对流系统A和B向低压中心的气流。

07:00低压中心有所减弱,最低气压值升高约1 hPa,北抬至对流系统A和B的连接处。与此同时,对流系统A和B的地面气压最高值均有不同程度的增强(气压升高约0.5 hPa)。虽然高低压中心的气压差有所缩小,但是由于低压中心北抬使得其与对流系统A地面高压中心之间的距离缩短,因此并未导致气压梯度的减小。而对于对流系统B的地面气压来说,气压梯度却有所减小。这就使得,对流系统A地面出现了较强的北偏东气流,而对流系统B的地面则出现相对较弱的西偏南气流。即对流系统A和B在地面出现了相向的气流,系统之间相互靠近。

08:00低压中心略微增强,最低气压值下降约0.5 hPa。与此同时,对流系统A对应的高压中心则逐渐已经消失,系统开始进入减弱阶段。而位于低压区后部的对流系统B对应的地面气压则略有升高,系统进一步增强发展。09:00低压中心消失,在合并后的对流系统范围内出现了一个中心气压高度1000.5 hPa的高压中心。

从海平面气压的分布及其演变来看,合并过程是两系统之间存在的低压中心与对流系统地面高压相互作用的过程。因显著气压梯度的存在,使得处在不同发展阶段的对流系统之间在地面上出现了相向而行的气流,并使两者相互作用,逐渐合并形成一个高压中心。另外,对流系统A的地面高压中心在减弱消失,而对流系统B则正好相反,其地面高压中心是一个形

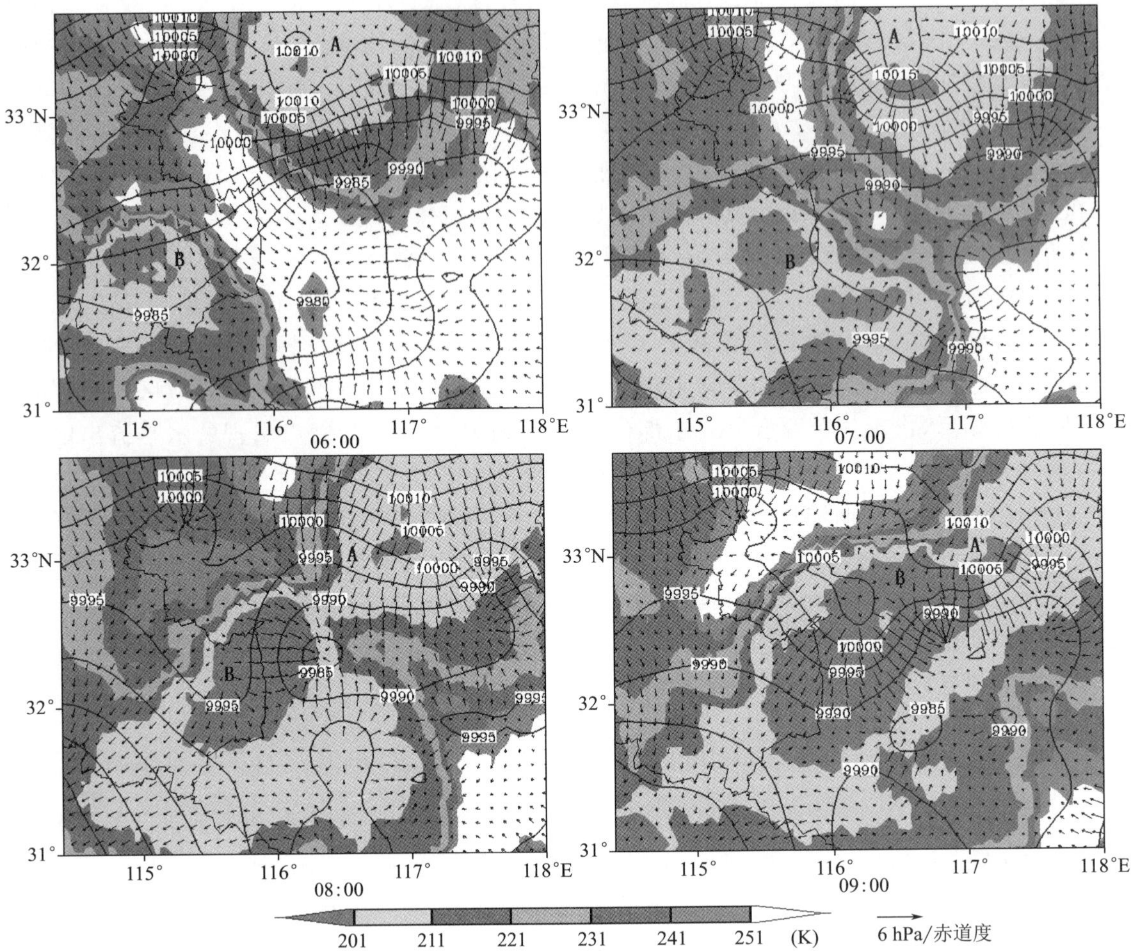

图 4.14　2008 年 7 月 22 日 06:00—09:00(世界时)卫星红外云图与地面气压叠加图
(阴影图为红外云图,单位:K;等值线为海平面气压,单位:0.1 hPa;黑色矢量为气压梯度,单位:hPa/赤道度)

成与增强过程。因此,对流系统 B 处在增强发展阶段,而对流系统 A 则处在减弱阶段。合并过程还是一次典型的处在不同发展阶段对流系统之间的合并。

4.4.3　云核合并的动力特征

利用反演得到的大气低层的三维风场,对较小尺度云核合并的动力特征进行分析。鉴于合并云核的空间分布大致上在 32°—33°N 以 116.5°E 附近为中心轴,呈南北向排列。因此,选取 116.5°E 经线制作纬向(32°—32.9°N)的三维风场垂直剖面图(图 4.15)。

08:09(图 4.15a),分别在 32.45°N、32.2°N、32.1°N 附近存在着三个回波中心(与图 4.8 中标号相一致,在图中分别标注为 1、2、3),其中回波中心 3 出现明显的下沉气流,中心 2 为明显的上升气流,而中心 1 在北侧出现明显下沉气流的同时,在南侧也出现了弱的上升气流。6 min 以后(图 4.15b)回波中心 3 所有减弱,而中心 1 和 2 有所增强。与此同时,中心 2 和 3 回波强度大于 40 dBZ 的区域已经相连,两个回波中心合并成了一个,且中心 3 的下沉气流减弱并逐渐消失。另外,回波中心 1 和 2 之间大于 20 dBZ 的回波在约 2 km 高度处相连接。在回波中心 1 和 2 之间,中心 1 为上升气流,而中心 2 则为下沉气流。在随后的 6 min 内(图

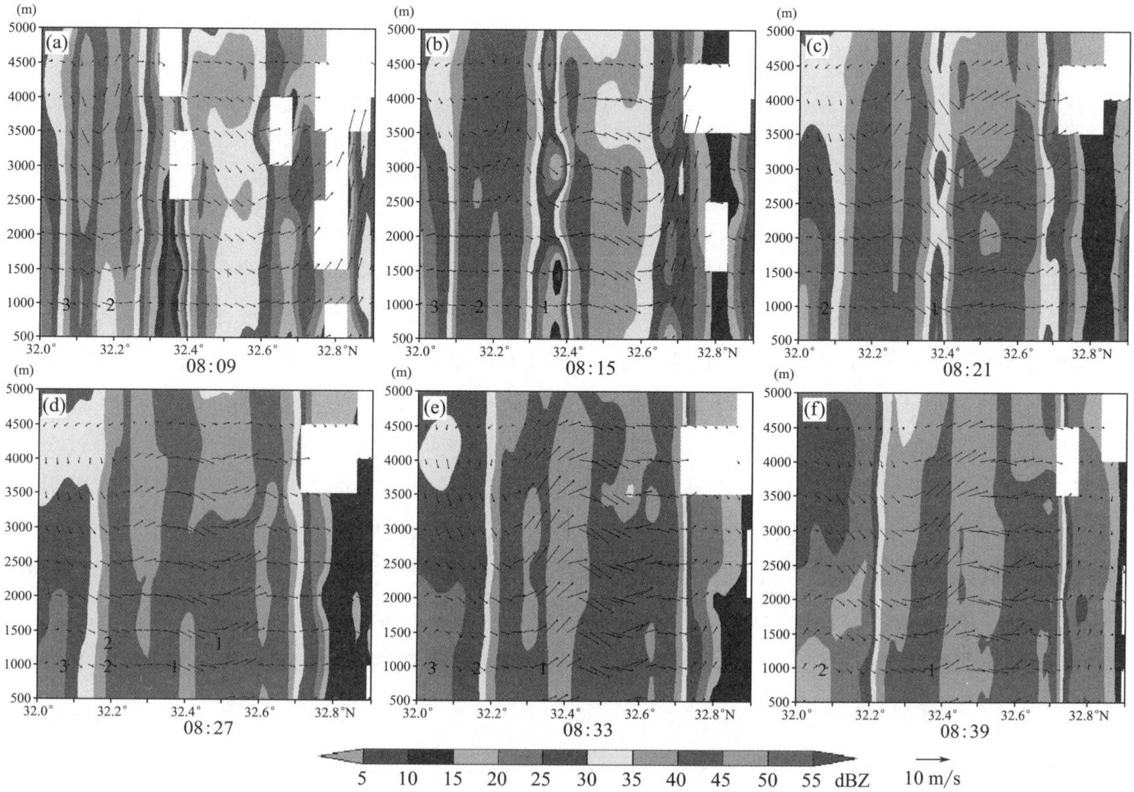

图 4.15　2008 年 7 月 22 日 08:09—08:39(世界时)从 32°N 到 33°N 沿 114.44°E 的垂直剖面
(阴影为回波强度,单位:dBZ;白色等值线为垂直速度,单位:m/s;黑色风标为水平风场的 v 分量与垂直速度的合成)

4.15c),回波中心 2 和 3 合并以后(标注为 2)继续加强,并且中心 1 和 2 之间的上升与下沉运动的相互衔接。这就使得中心 2 的下沉气流能够作为中心 1 上升气流的补充而向外输送,两个对流中心的流场连为一体。从风速的大小来看,中心 1 和 2 的上升和下沉运动得到了增强,回波强度也有所升高。08:27 中心 1 和 2 的回波强度继续增强,大于 40 dBZ 的区域已经相连。虽然仍有两个明显的上升运动区,但是风速有所减弱。08:33 中心 1 对应的上升区开始减弱消失,强上升运动中心向北移至 32.4°N 附近(中心 1 和 2 之间),回波强度增大,上升运动也更加剧烈。由于新的上升运动中心和强回波中心已经移至于中心 1 和 2 之间,且在中心 1 和 2 附近仍然有小范围的强回波(回波强度大于 45 dBZ),因此,可以认为新的强中心是由中心 1 和 2 相互作用合并而成。最终回波中心 1 和 2 合并成了一个范围更大,强度更强的回波中心。

从以上分析可以发现,云核合并过程的动力学原因也是一个对流的上升气流与另外一个对流的下沉气流相互连接与作用,并不断发展,从而导致两个对流活动的流场合二为一,实现对流云核的合并。与对流之间的生消更替有所不同,合并过程中两个对流的流场间出现了相互连接与作用,并且新的对流中心也不在任何一个参与合并的对流中,而是位于两对流之间。

4.5　小结

综合利用气象卫星、新一代多普勒天气雷达以及地面观测等多种地基与空基的探测资料,对 2008 年 7 月 22 日发生在淮河流域的一次两个对流系统合并形成一个更大尺度对流系统的过程进行分析。从结果来看，这是一次西南低涡东移过程中，在对流不稳定区域生成的两个对流，在低层显著气压梯度作用下发生合并的现象。在整个合并过程中出现了多种方式的合并，不仅有多单体合并形成对流系统和对流系统吞并对流单体，而且还有两对立系统间的系统合并以及系统中三个强中心(云核)的合并。

在机理方面，通过分析得到该多尺度合并过程的概念化模型(图 4.16)。合并过程存在着三个方面的动力因素：①大尺度环境场中垂直运动存在的水平不均匀性，是促成对流云团合并的环境因素：因垂直运动东西向差异而导致的辐合辐散，引起 950 hPa 高度附近出现与对流系统移动方向相反的水平气流，进而使得对流系统间出现垂直环流耦合；②从地面气压场的分布来看，显著的气压梯度，是对流系统 A 和 B 之间最终合为一体的主要原因。地面气压梯度力所形成的气流成为对流系统间相互作用的纽带，使得系统间形成环流，最终合并；③通过分析云核(强中心)合并过程中的大气三维风场，发现云核合并的动力学原因是一个对流的上升气流与另外一个对流的下沉气流的耦合，并不断发展，从而导致两个对流系统的流场合二为一。大尺度环境场，地面气压场以及大气三维风场三方面的分析均表明，下层气压梯度力和对流间下沉-上升环流的加强作用是该合并过程主要的动力机制，而付丹红(2007)通过数值模拟得出的另外一个合并机理——云体扩大导致云体间相互连接并最终实现流体动力场合并，在本次过程中并未得到较好的体现。

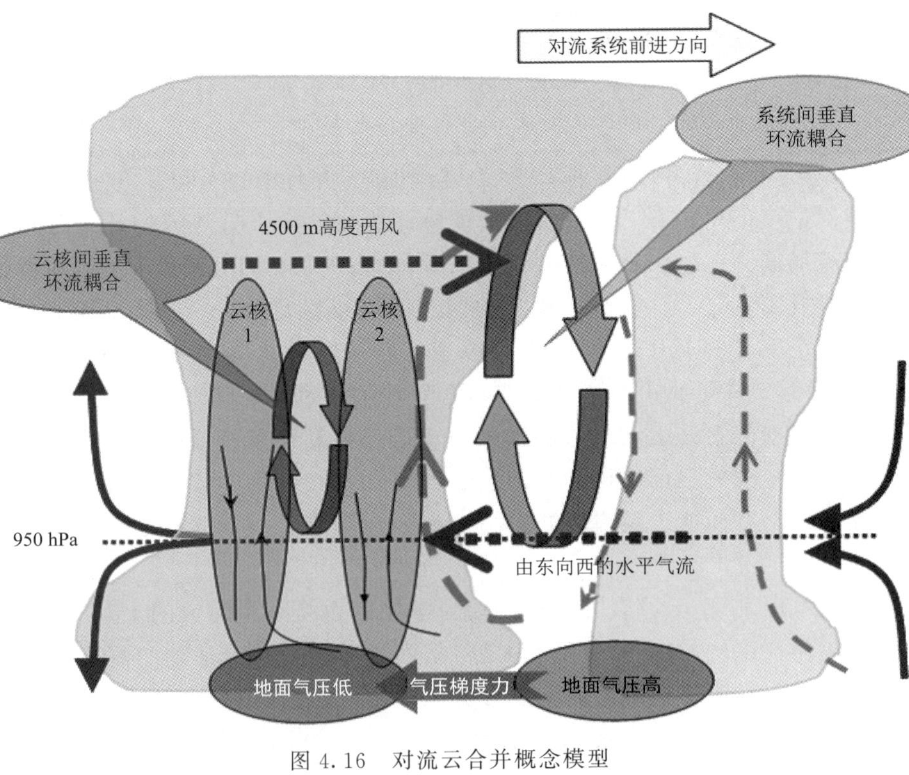

图 4.16　对流云合并概念模型

另外，通过分析还得出合并对整个对流系统来说存在着两个方面主要影响：①合并过程会使得云体发展得到增强：在卫星云图上表现为云团结构更加紧密、边缘更加光滑；在雷达回波上，回波顶高和垂直积分液态含水量有显著的增加，且合并以后先出现水成物的集中，而后云体才开始增强发展；②对流云团之间发生合并以后，地面降水强度和范围也有所增加；而云核的合并不仅使云体得到了发展，而且还在地面引起了较强的降水。

通过对云核合并区雷达回波特征与地面降水间的分析可以看出，合并现象及其引起的回波的变化，可预测随后出现的局地强降水，具体方法如下：当出现云核(强中心)合并且引起 VIL 的增加和 ET 的升高后，一旦出现 ET 的降低以及随后出现 VIL 的减少，则意味着随后在云区内会出现局地强降水。

参考文献

付丹红，郭学良，2007. 积云合并在强对流系统形成中的作用[J]. 大气科学，31(4)：635-644.

黄美元，徐华英，吉武胜，1987. 积云并合及相互影响的数值模拟研究[J]. 中国科学 B 辑，17(2)：14-224

牟容，刘黎平，许小永，等，2007. 四维变分方法反演低层风场能力研究[J]. 气象，33(1)：11-18.

孙虎林，罗亚丽，张人禾，等，2011. 2009 年 6 月 3—4 日黄淮地区强飑线成熟阶段特征分析[J]. 大气科学，35(1)：105-120.

许小永，郑国光，刘黎平，2004. 多普勒雷达资料 4DVAR 同化反演的模拟研究[J]. 气象学报，62(4)：410-421.

ORVILLE H D，KUO Y H，FARLEY R D，et al，1980. Numerical simulation of cloud interactions[J]. Journal of Recherchs Atmospheriques，14：499-516.

SUN J，CROOK N A，1997. Dynamical and microphysical retrieval from Doppler radar observations using a cloud model and its adjoint. Part I：Model development and simulated data experiments[J]. Journal of the Atmospheric Science，54(12)：1642-1661.

SUN J，CROOK N A，1998. Dynamical and microphysical retrieval from Doppler radar observations using a cloud model and its adjoint. Part II：Retrieval experiments of an observed Florida convective storm[J]. Journal of the Atmospheric Science，55(5)：835-852.

SUN J，FLICKER D W，LILLY D K，1991. Recovery of three-dimensional wind and temperature fields from simulated single Doppler radar data[J]. Journal of the Atmospheric Science，48(6)：876-890.

TAKAHASHI T，YAMAGUCHI N，KAWANO T，2001. Videosonde observation of torrential rain during Baiu season[J]. Atmospheric Research，58(3)：205-228.

WU B，VERLINDE J，SUN J，2000. Dynamical and microphysical retrievals from Doppler radar observations of a deep convective cloud[J]. Journal of the Atmospheric Science，57(2)：262-283.

XU X Y，LIU L P，ZHENG G G，2006. Mesoscale structure of rainstorm retrieved from dual-Doppler radar observations using the 4DVAR assimilation technique[J]. Acta Meteorological Sinica，20(3)：334-351.

第5章 合并过程的微物理特征

随着大气探测技术的不断发展，越来越多的新型大气探测仪器被用于气象观测试验中。其中，双线偏振雷达（刘黎平和王致君，1996，1997；肖艳姣 等，2012；史朝 等，2013；杜牧云 等，2013）的出现，使得云中粒子相态的观测成为可能。双线偏振雷达是一种具有识别降水粒子相态能力的设备，通过交替发射或同时发射水平方向和垂直方向的偏振波，并接收两个方向的回波信号，来探测云/降水系统的信息，主要包括：回波强度 Z_H、差分反射率因子 Z_{DR}、差分传播相移率 K_{DP} 和相关系数 ρ_{HV} 等参数。而这些参数能够直接反映降水系统粒子相态、滴谱分布等微物理结构的变化规律，从而可以明显识别粒子的相态（Ryzhkov 和 Zrnic，1995；Zrnic 和 Ryzhkov，1995；刘黎平 等，1995；Gorgucci et al.，2002；Edward et al.，2004；曹俊武和刘黎平，2007；马建立 等，2012）。目前，国内外关于双线偏振雷达观测对流云合并的报道还较少，尚不清楚对流云合并过程在偏振雷达探测信息中的特征和规律，也缺少合并过程中微物理结构特征演变的直接观测。

利用2008年在安徽省寿县进行观测的C波段双线偏振雷达的数据，对江淮流域西部（图5.1）发生的两次（7月6日和17日）对流云合并过程进行观测分析，以了解合并过程中双线偏振雷达所观测偏振信息的特征和演变规律，并分析合并过程的微物理结构特征。

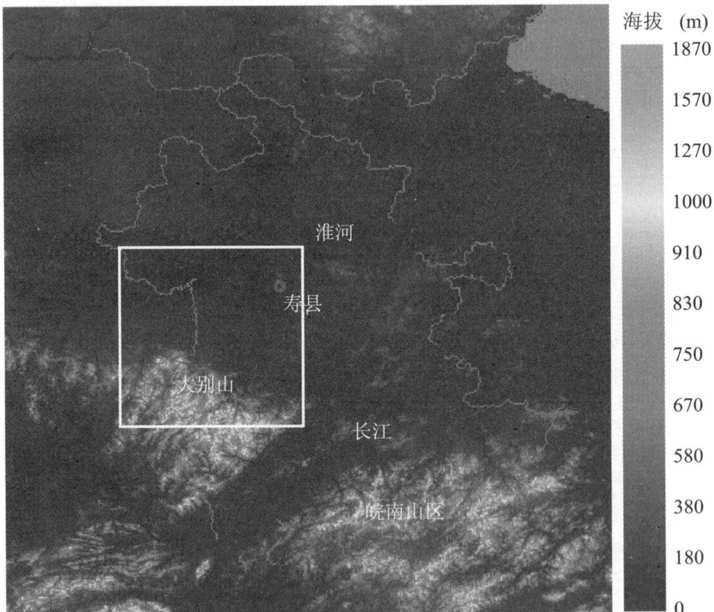

图5.1 研究区域地形地貌（白色矩形为研究区域，小圆圈为偏振雷达站点——寿县）

所用资料主要包括：间隔为15 min的FY-2静止气象卫星红外云图和C波段双线偏振雷达（以下简称偏振雷达）数据。该偏振雷达由中国气象科学研究院和安徽四创电子股份有限公司合作研发，是我国首部采用双发双收体制的 C 波段车载双线偏振雷达。偏振雷达的主要技术参数如表 5.1 所示。

表 5.1 移动式 C 波段双线偏振雷达的主要参数

雷达部件	主要参量	参数
天线	天线直径	3.2 m
	增益	40 dB
	波瓣宽度	1.2°
	第 1 旁瓣电平	<−25 dB
发射机	波束宽度	1.0/0.5 μs;150/75 m
	峰值功率	250 kW
	脉冲重复频率	300～1200 Hz
接收机	工作模式	同发同收模式
	噪声功率	−109 dBm
	雷达噪声	3.0 dB
	动态范围	>85 dB
资料处理系统	观测量	Z_H,Vr,S_W,Z_{DR},ρ_{HV},Φ_{DP},K_{DP}

选用的偏振雷达物理量有回波强度 Z_H、差分反射率因子 Z_{DR}、差分传播相移率 K_{DP} 和水平垂直信号相关系数 ρ_{HV}。对于双偏振雷达资料，首先选用 Liu Liping(2010)等所介绍的方法进行资料的预处理；然后采用模糊逻辑法进行粒子相态的识别(曹俊武 等，2005)。

为将 FY-2 卫星红外云图中对流云团凸显出来，选用图像增强技术(许健民 等，1994)对卫星云图进行处理。在图像增强技术中，彩色增强技术在对流系统分析方面具有一定的优势，能够清楚地显示出较强的对流系统(李修芳 等，1993；黄勇 等，2013a，2013c)。为此，对 FY-2 红外云图进行彩色增强处理，以明显的色彩差异来进行亮温显示，具体标准见云图中的图例。

5.1 合并过程简介

由于 C 波段偏振雷达的探测范围有限，难以观测到发生对流云合并的天气系统的演变情况。为此，利用 FY-2 红外云图资料，对两次过程的云系演变特征进行观测分析。

2008 年 7 月 6 日 05:30(图 5.2a)研究区域内存在两个尺度和发展程度(云顶亮温)都比较相近，且相距不远的对流云 A 和 B。随着对流云 A 和 B 的不断发展，在两个云体中间出现一条狭窄的云带——云桥(Simpson，1980；Tao 和 Simpson，1984，1989；Cunning et al.，1985；李艳伟 等，2009)，云桥将两个对流云连接起来(图 5.2b)，并逐渐合并成一个尺度更大的对流系统 C。对流系统 C 形成以后，在其南侧新生出小对流云 D(06:30)，15 min 以后(06:45)对流系统 C 将对流云 D 吞并，形成尺度更大的对流系统 E。从合并前两个对流云的面积来看，A 和 B 合并过程中两者面积相近，而 C 和 D 合并的过程中对流系统 C 的面积要远大于对流云 D，两者面积差异明显。

2008 年 7 月 17 日 08:00(图 5.3a)研究区域内存在一个面积较大的对流系统 B 和一个面积较小的对流系统 A。随着对流系统 A 的不断发展，两者之间的距离逐渐缩小，并在 08:45

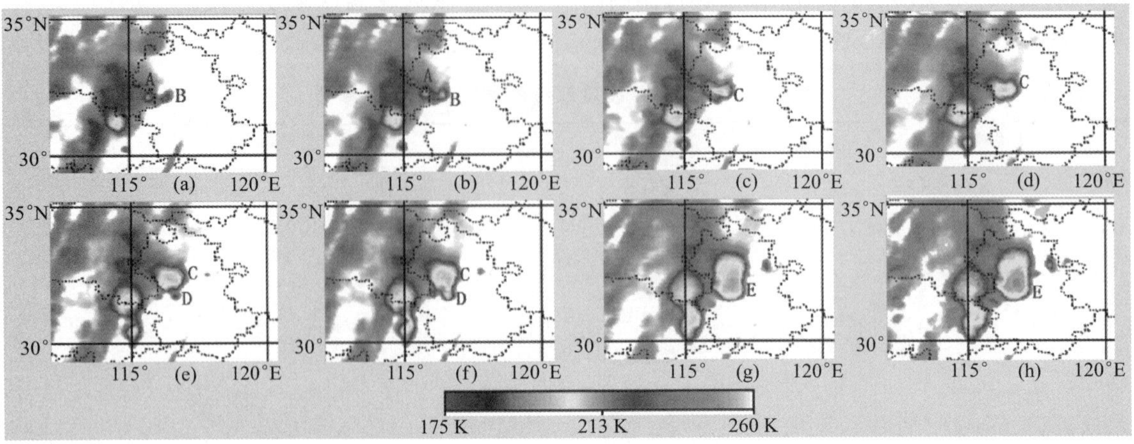

图 5.2　2008 年 7 月 6 日 05:30—07:30(世界时)FY-2 卫星云图

(a. 05:30,b. 05:45,c. 06:00,d. 06:15,e. 06:30,f. 06:45,g. 07:15,h. 07:30)

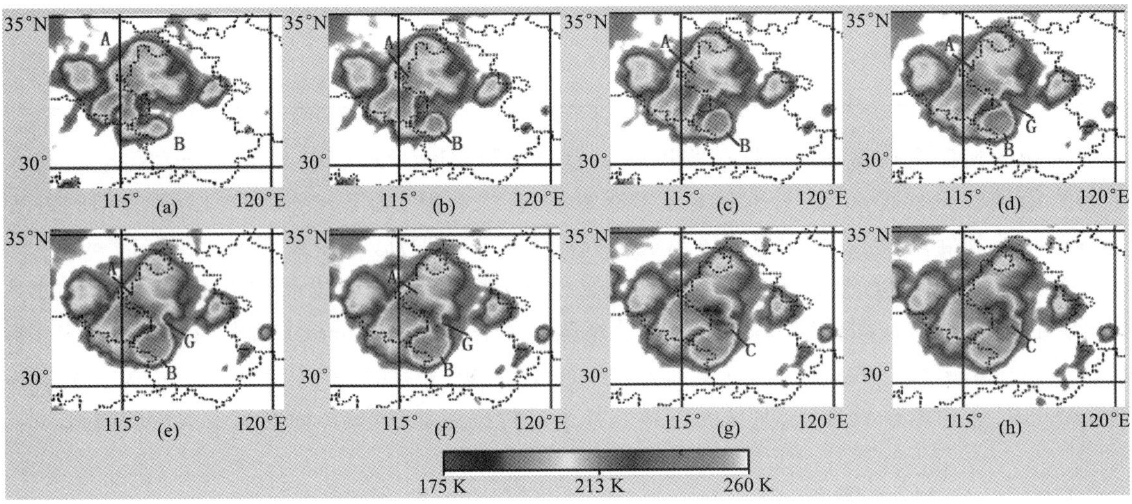

图 5.3　2008 年 7 月 17 日 08:00—09:45(世界时)卫星云图

(a. 08:00,b. 08:15,c. 08:30,d. 08:45,e. 09:00,f. 09:15,g. 09:30,h. 09:45)

出现连接对流系统 A 和 B 的云桥。随后,对流系统以云桥为中心继续增强发展。最终,形成尺度更大的对流系统 C。从合并 1 h 前 A 和 B 的面积来看,两者存在一定的差异,但是差异不明显。

通过对 FY-2 红外云图的分析可以看出,两个过程中共出现三次对流云合并过程,并且在合并过程中对流云之间都出现云桥。从合并前对流云之间的面积差异来看,三次合并过程均有各自的特征:2008 年 7 月 6 日的两次合并过程,分别为面积相近的对流云合并和面积差异显著的对流云合并;对于 2008 年 7 月 17 日出现的一次过程来说,属于面积差异较小的对流云之间的合并。根据第 3 章的定义,这三种不同面积差异的合并过程分别为等积合并、吞并合并和异积合并。

从气象卫星的云顶亮温分布来看,三次对流云合并过程中,只有在 2008 年 7 月 6 日面积差异显著的吞并合并过程中,合并前两个对流云的云顶最低亮温存在明显差异。其余两次合并过程中，合并前的云顶最低亮温较为相近。

另外，在 2008 年 7 月 6 日出现的面积相近对流云合并过程中，合并前两个对流云色彩主要以绿色到黄绿色为主，并未出现明显的黄色和橙色，云顶最低亮温在 210 K 左右。与其他两次合并过程相比，这一次合并过程中云顶亮温偏高。

5.2　双偏振雷达分析

FY-2 红外云图分析表明，2008 年 7 月 6 日和 17 日的两次过程中，共出现三次对流云合并过程，且这三次对流云合并过程分别属于三种不同面积差异的合并过程。由于在 2008 年 7 月 6 日出现的面积相近对流云合并过程中，云顶亮温相对较高，雷达回波上并无显著的回波信息。因此，只选取 2008 年 7 月 6 日的吞并合并过程和 2008 年 7 月 17 日的异积合并过程，利用双线偏振雷达观测信息进行微物理特征的分析。

5.2.1　吞并合并过程

图 5.4 是 2008 年 7 月 6 日 06:29—06:55 偏振雷达所观测到的 1.0°仰角回波强度。06:29 在对流系统 C 与对流云 D 合并点附近，出现两块面积差异较大的回波 1 和 2。回波 1 增长速度较快，而回波 2 的发展速度相对较慢。5 min 以后两块回波面积相当，并在 06:39，因两块回波的发展和移动而连接在一起。随后回波 1 和 2 合并，向东北方向移动与发展。除回波 1 和 2 的合并外，在对流系统 C 与对流云 D 合并区域内并未发现其他明显的回波合并现象。因此，卫星云图上的吞并过程，在雷达回波上表现为两个小回波之间的合并，而非大块回波吞并小块回波的过程。沿着回波 1 和 2 强度中心位置(如图 5.4 中直线所示)，制作雷达回波信息的垂直剖面图(图 5.5～5.10)，分析合并过程中偏振量的演变。

从合并前后的雷达回波强度(Z_H)的垂直剖面(图 5.5a)来看，06:29—06:34 回波 1 和 2 都经历一个 Z_H 增大的过程，只是在增大速率和发展程度上有所不同。合并前(06:34)回波 1 和 2 的发展高度基本相同，但是强度差异较大，属于发展程度不同对流云之间的合并。合并开始时(06:39)，在 5～7 km 高度上出现了一个连接回波 1 和 2 的回波桥，并且在回波桥处出现一个回波极大值中心。因此，从合并的初始位置来看，该次合并是从回波的顶部开始。合并以后(06:44)，Z_H 度迅速增强，数值大于 30 dBZ 的区域扩大显著。这说明合并以后，回波得到了增强。

由于剖面位置与雷达径向之间近似呈垂直交叉关系，因此垂直剖面上的径向速度可以表示向剖面两侧(西南方和东北方)进行移动的速度大小(正值表示向图 5.4 中 AB 线西南方移动，负值则表示向图 5.4 中 AB 线的东北方移动)，从而通过分析剖面上的径向速度来了解雷达回波中的辐合辐散情况。从径向速度的垂直剖面(图 5.5b)结构来看，合并后最为显著的特征是径向速度增大，合并以后径向速度小于－10 m/s 的区域显著较多，且径向速度负值区的面积有所扩大。从空间分布来看，06:34 回波 1 中不论在何高度上，西部均为径向速度负值区，而东部都为径向速度正值区。对于回波 2 来说，在 4 km 高度以上才出现径向速度正值区，并且范围较小。合并开始以后(06:34)，径向速度的数值进一步增大，主要表现为大值区的扩大。另外，还在低层出现多个正负中心交替出现的分布特征；在 6 km 高度以上，总体呈现出“西正东负”的分布特征。合并完成以后(06:44)，5 km 高度以下的低层以负径向速度为主；在 5 km

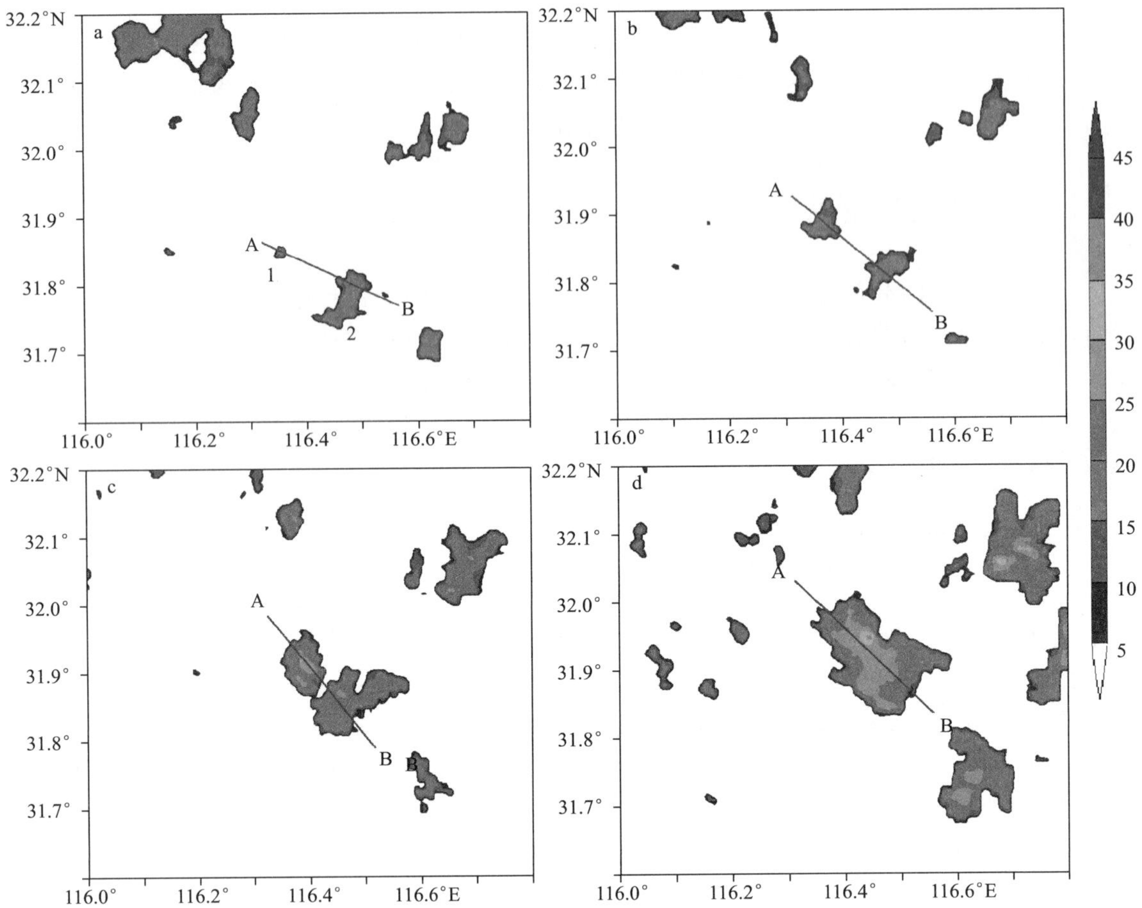

图 5.4　2008 年 7 月 6 日 06:29—06:55(世界时)1.0°仰角回波强度
(a. 06:29，b. 06:34，c. 06:39，d. 06:44)

高度以上，径向速度自西向东呈现“正-负-正”的空间分布。由于雷达站位于回波 1、2 的东北方，因此，从径向速度来看，06:34 回波 1 在垂直方向上以下沉运动为主；而回波 2 则恰好相反，存在上升运动。合并开始以后，6 km 高度以上的上升运动得到增强。合并完成以后，6 km 高度以上的上升运动区面积有所减小，并且在回波的东侧(回波前进方向)出现了下沉区。

图 5.5c 为差分反射率因子(Z_{DR})的垂直剖面。06:29 回波 1 和回波 2 的 Z_{DR} 均为正值。5 min 以后，回波 1 中最大值超过 5 dB，并且在 6～7 km 出现很小范围的负值。另外，回波 2 中未出现负值，但数值增大明显，最大值超过了 5 dB，并且出现了两个极大值中心。合并开始以后(06:39)，不仅在正值中心的南侧出现明显的负值区域，而且数值大于 5dB 的区域也有所增大，正负中心呈对称分布。合并完成后，回波内的负值区消失，数值大于 5 dB 的正值中心所在高度也由 5～6 km 下降到 2～3 km。

在回波双程差分传播相位常数(K_{DP})的分布中(图 5.5d)，06:29 回波 1 出现了小范围的正值，而回波 2 中未出现正值。5 min 以后(06:34)，回波 1 和 2 中正值区的范围显著增加，尤其是回波 1 中，最大值已经超过了 2°/km。合并开始时，K_{DP} 数值显著增大，不仅正值区内的最大值已经超过 3°/km，而且负值区内的最小值也下降明显，数值低于 −1°/km；另外，在 5～8 km和2～4 km高度处，分别出现两个 K_{DP} 极值中心。合并完成以后，两个 K_{DP} 正极值中

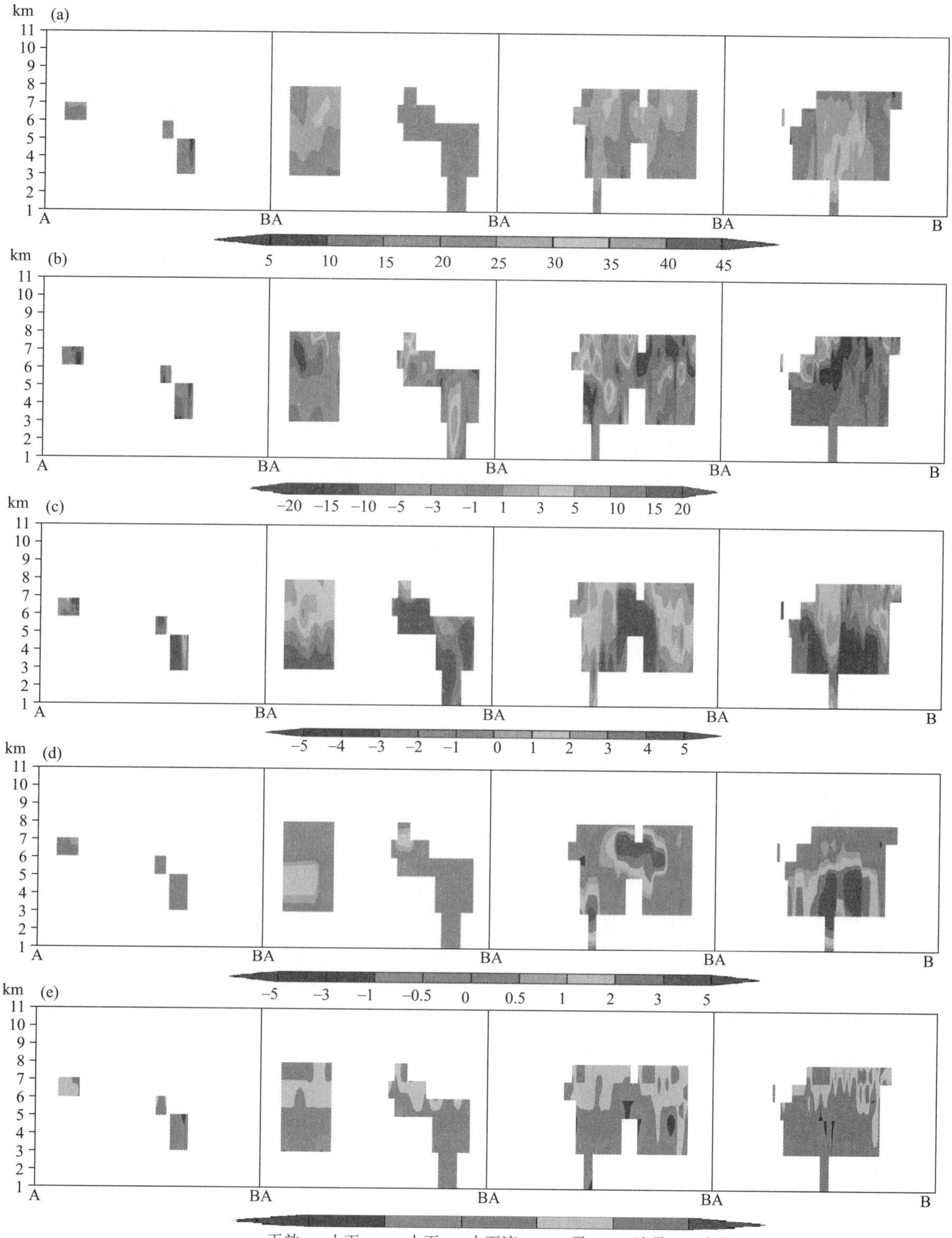

图 5.5　2008 年 7 月 6 日 06:29—06:44(世界时)垂直剖面(图 5.4 中直线为剖面位置,剖面图左侧对应 A 点,右侧对应 B 点)(图像时间从左到右依次为:06:29,06:34,06:39,06:44)

(a)回波强度,单位:dBZ;(b)径向速度,单位:m/s;(c)差分反射率因子,单位:dB;

(d)回波双程差分传播相位常数;单位:°/km;(e)粒子相态

心合并为一个，中心高度有所下降。同时，最低值低于$-1°/km$的负值中心消失，在正值中心的另一侧又出现一个出现负值中心，高度在7 km左右。从K_{DP}的变化来看，合并过程中首先在回波连接处出现一个正值中心，合并完成后正值中心由高层下降到中低层。

ρ_{HV}的大小与雷达信号强度之间存在一定的关系，而合并后回波强度和信噪比（图略）的增大，均会引起的ρ_{HV}增大。同时，由于无法消除回波强度的增强和信噪比的增大对ρ_{HV}所造成的影响。因此，合并过程中ρ_{HV}所表现出来的变化趋势，是雷达信号增强和合并过程共同作用所形成的，无法了解到合并过程对ρ_{HV}这个偏振量的影响。为此，不进行ρ_{HV}这个偏振量的变化分析。

图5.5e是合并过程中粒子相态的变化情况。06:29，回波1和2对应的对流云处在发展阶段，回波未发展到地面引起地面降水；此时，回波1中以雪为主，回波2则以雨滴为主。06:34回波1中出现了雨滴、雪和冰晶，但是仍未发展到地表而引起地面降水；回波2中则出现了雪、冰晶和较大范围的大雨滴，并且回波已经发展到了高度低于1 km的近地面。合并开始时（06:39），回波1和2已经相连接，原属回波1区域内的雪和冰晶的范围有所减小，而大雨滴的范围有显著增加，并且已经发展到1 km以下的近地层。原属于回波2的区域内，回波最低高度为3 km，6 km以上基本上为雪和冰晶，而在6 km以下的区域内，以雨滴为主，4～5 km还出现了小雨。回波1和2的连接处虽然位于零度层以上，但是粒子的相态仍然为雨滴（其中一半为小雨滴），而非冰或雪。回波合并完成后（06:44），7 km以上的高层，只出现雪和冰晶；6 km以下为雨雪混合区，以大雨滴为主，尤其是1 km以下的近地层也出现了大雨滴。另外，零度层以上的区域内，以冰雪为主，没有出现较大范围的雨滴。

从以上分析可以看出，合并过程中Z_H和K_{DP}均有所增强，且合并后强中心先出现在两个回波的连接处，而后向低层发展。从径向速度来看，合并以后高层的上升运动增强显著，合并完成以后高层在回波前进方向上出现下沉区。Z_{DR}在合并时，大值区向回波连接处转移后，再向低层发展。另外，合并过程中还出现一个与Z_{DR}大值区相对称的负值区域。

相态识别的结果表明，合并开始时，位于零度层以上的连接处出现雨水区，合并完成以后零度层以上的雨水区域消失。对于冰雪粒子的分布来说，合并前后并未发生显著的变化。

5.2.2 异积合并过程

图5.6是2008年7月17日08:41—09:09偏振雷达所观测到的1.0°仰角回波强度。在对流系统A和B合并区域内出现了由多块小回波组成的，呈南-北向分布的回波带。并且在对流系统A和B之间的云桥处，出现了回波1和2之间的合并现象。另外，在回波1的西北方，还出现了其他的回波间合并现象。相对于7月6日的吞并过程而言，本次过程中，回波块之间的合并现象相对较多。卫星云图上的异积合并过程，在雷达回波上表现为多个区域出现小回波之间的合并。沿着回波1和2强度中心位置（如图5.6中直线所示），制作雷达回波信息的垂直剖面图（图5.7），分析合并过程中偏振量的演变。

从回波强度（Z_H）的垂直分布（图5.7a）来看，合并开始时（08:52），两回波均有不同程度的增强。尤其是回波2，在5 min以内，Z_H最大值增加了近10 dBZ。08:58回波1和2的连接处回波强度增强明显，并成为合并后的回波中心。但是，在3 km高度以下的低层，回波还未合并。09:09回波1和2之间的合并已完成，Z_H得到进一步的增强。从合并初始位置来看，回波1和2最初相连接的位置在回波的中部，而不是从回波的顶部开始相连。从合并过程

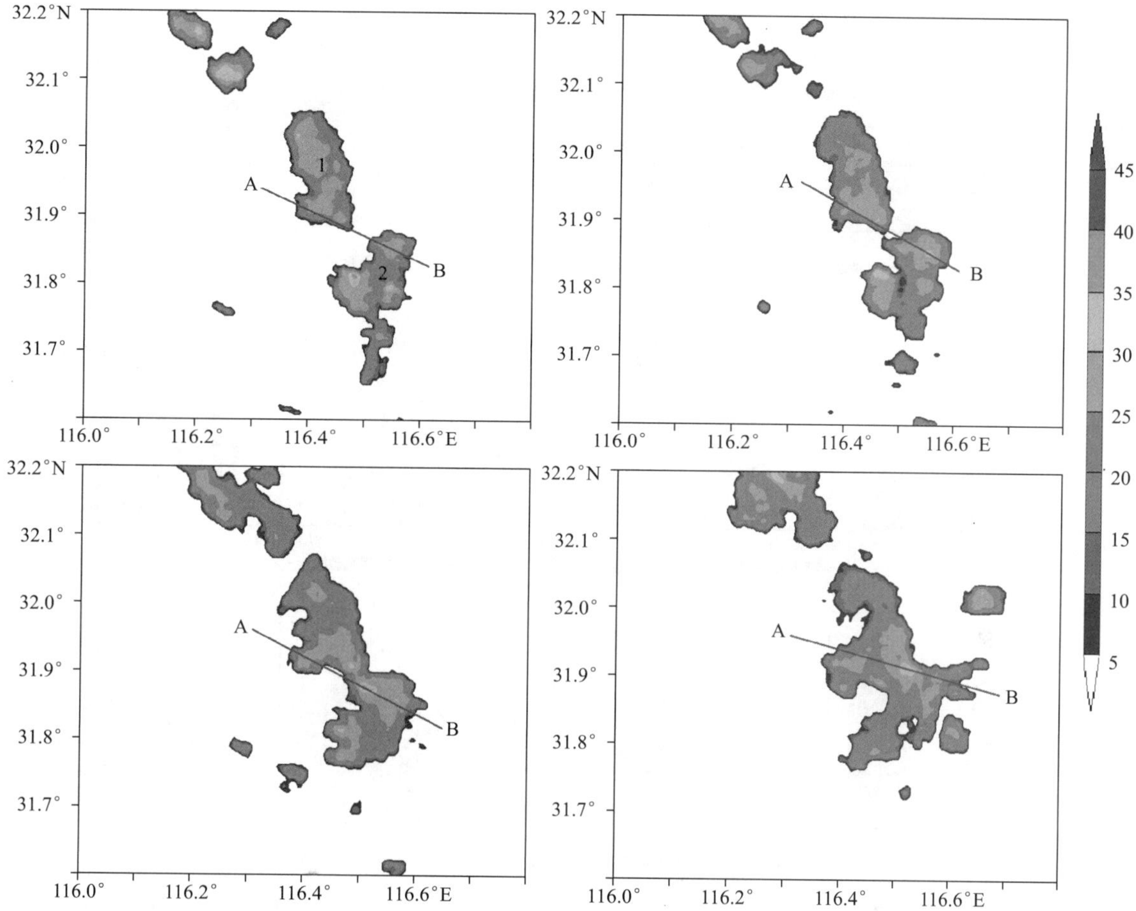

图 5.6　2008 年 7 月 17 日 08:47—09:09(世界时)1.0°仰角回波强度(dBZ)

(a. 08:47，b. 08:52，c. 08:58，d. 09:09)

中强中心的演变来看，合并先在中下部形成一个强中心，而后再向上发展。另外，从合并前两者的数值大小来看，合并前回波 1 和 2 的最大回波强度相差不大(5 dBZ 左右以内)。

在径向速度的分布中(图 5.7b)，合并后最为显著的特点也是负值区速度的增强和面积的扩大。合并前(08:47)，回波 1 在 6 km 高度以下呈现“西负东正”的分布特征；在 6 km 高度以上，分布规律恰好相反，呈现出“西正东负”的特征。回波 2 中，5 km 高度以下自西向东呈“负-正-负”的分布，5 km 高度以上的区域，自西向东则为“正-负-正”的分布特征。合并开始时(08:52)，5 km 高度以下的低层以正值为主；在 5km 高度以上呈现正负区域交替出现的特征。合并过程中(08:58)，负值区的速度值逐渐增大，范围也有所扩大，分布上呈现正负交替出现的特征。合并完成以后(09:09)，5km 高度以下的低层自西向东为“正-负-正”的分布特征，而在 5 km 高度以上多个小范围的正负区域交替出现。由于雷达站位于回波的东北方，因此从径向速度来看，06:34 回波 1 和 2 的西部均为下沉区。合并开始时，下沉区减弱消失。随着合并的发展，回波西部出现上下一致的下沉区，而在东部，3 km 高度以下的低层逐渐形成一个尺度更大的上升区。

图 5.7c 是合并过程中差分反射率因子(Z_{DR})的垂直剖面图。08:47 回波 1 中 Z_{DR} 均为正值，而在回波2中 8 km高度以上出现了小范围的 Z_{DR} 负值区，最低值小于 −5dB。另外，回

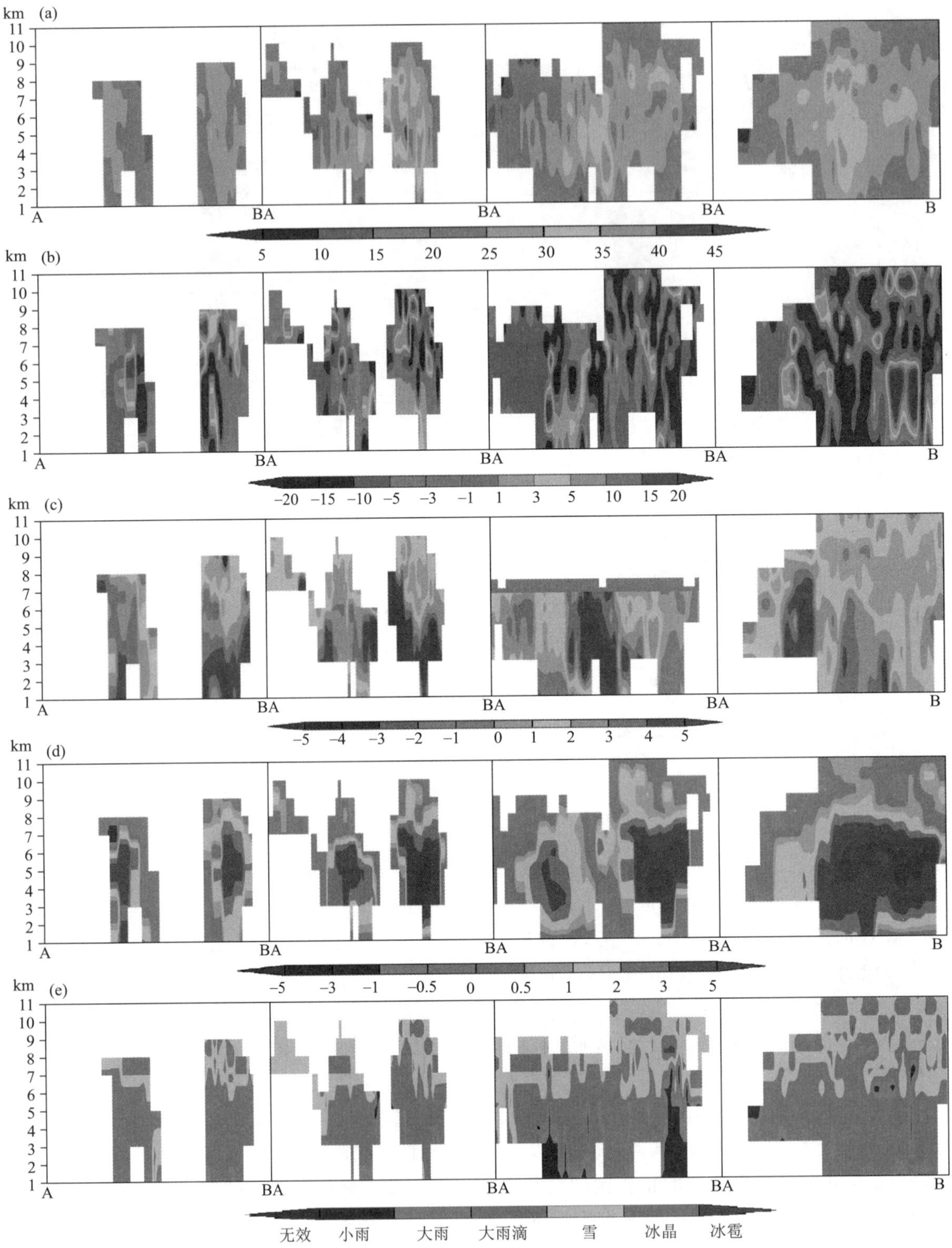

图 5.7　2008 年 7 月 17 日 08:47—09:09(世界时)垂直剖面(图 5.4 中直线为剖面位置，剖面图左侧对应 A 点，右侧对应 B 点)(图像时间从左到右依次为:08:47,08:52,08:58,09:09)
(a)回波强度，单位:dBZ;(b)径向速度，单位:m/s;(c)差分反射率因子，单位:dB;
(d)回波双程差分传播相位常数;单位:°/km;(e)粒子相态

波 1 中 Z_{DR} 数值在减小，而回波 2 的 Z_{DR} 数值在升高。合并开始时(08:52)，回波 1 和 2 中 Z_{DR} 数值均有不同的升高。随后在 08:58，Z_{DR} 大值中心已经由两个合并为一个，并且在 4 km 高度以下的区域内还出现小范围的负值中心，即在正值中心的两侧均出现一个小的负值区。合并完成以后(09:09)，Z_{DR} 数值有所降低，负值区域面积有所减小。

合并过程中，回波双程差分传播相位常数(K_{DP})垂直剖面的变化情况如图 5.7d 所示。合并前(08:47)回波 1 中 K_{DP} 以正值为主，最大值大于 3°/km，但在 7 km 高度处出现了负值区，最小值小于 −1°/km；而回波 2 中，K_{DP} 均为正值，最大值大于 3°/km。合并开始时(08:52)，回波 1 中 K_{DP} 负值区消失，最大值未发现明显变化；而回波 2 中 K_{DP} 数值有所增大，最大值超过了 5°/km。合并开始以后(08:58)，K_{DP} 大值区并未立即合并，而是在两个回波的大值区中间出现了一正一负两个极值中心，正极值中心在 6～7 km 高度处，负极值中心位于 2～3 km 的中低层。合并完成以后(09:09)，K_{DP} 也由两个正值中心合并为一个。

合并过程中粒子相态的变化如图 5.7e 所示。合并前(08:47)，回波 1 和回波 2 中粒子相态的垂直分布相似，6 km 以上出现了雪和冰晶，6 km 以下以大雨滴为主。合并开始时(08:47)，回波 1 和 2 的垂直分布规律未发生明显变化，只是在回波 1 中 5～6 km 高度上在靠近回波 2 的一侧出现了小雨滴区。6 min 以后(08:58)回波 1 和 2 的连接处就出现了大雨滴以及雪和冰晶，并且在 6 km 高度以上，出现了较多的雪和冰晶区；但是，此时回波 1 和 2 中上部(6 km 以上)的冰区(包括雪和冰晶)并未连接在一起，且在 7 km 以下出现了较大范围的小雨区；此外，回波 2 低层的雨强减小并且在中高层出现了少量的冰雹粒子的。合并完成以后(09:09)，6 km 以上的冰雪区已经成为一个整体，低层雨强增大，中高层的冰雹粒子消失。

从以上分析可以看出，合并过程中 Z_H 有所增大，强回波中心从两个回波的连接处(中低层)向高层发展。对于径向速度而言，合并以后在低层出现大范围的上升运动区。合并时，Z_{DR} 的大值区向合并连接点靠近，数值增大，并逐渐合并成一个，合并完成后 Z_{DR} 数值开始降低。另外，合并过程中还出现一个与 Z_{DR} 大值区相对称的负值区域。合并开始后，K_{DP} 在连接处的下部和上部分别出现负值和正值中心。合并完成后这两个正、负值中心消失。从时间上来看，K_{DP} 中心的合并要落后于 Z_H 和 Z_{DR} 中心的合并。从粒子相态的变化来看，合并后冰相粒子范围变大，冰相粒子区域的合并要滞后于雨水区域。

5.3　主要特征

卫星云图上观测到的 2008 年 7 月 6 日和 7 月 17 日的不同面积差异对流云之间的合并过程，在雷达回波上均表现为回波块之间的合并。7 月 6 日卫星云图所观测到的对流系统吞并小对流云的过程中，仅有一个地方发生回波间的合并。而在 7 月 17 日卫星云图上观测到的面积存在差异的对流系统之间的合并过程中，出现了多个回波之间的合并过程。

对雷达回波强度演变分析表明，在 7 月 6 日出现的回波之间的合并过程中，回波之间的强度差异较大；而在 7 月 17 日合并过程中，合并的回波之间强度相近。另外，从合并初始位置来看，两次合并过程分别开始于回波的顶部和中下部。

从偏振雷达观测信息的分析来看，两次合并过程中存在以下相同特征：①合并以后均出现回波强度的增强过程，并且合并后的强中心先出现在连接处附近，而后向高层或低层发展；②合并连接处均为上升运动区；③两个回波相连接以后，Z_{DR} 大值区向回波连接处转移，并出

现一个与 Z_{DR} 大值区相对称的负值区域；④合并时，K_{DP} 有所增强，强中心先出现在两个回波的连接处，而后向高层或低层发展；⑤合并开始时，在回波连接处出现雨水区。

两次合并过程中的不同点主要有：①合并开始的位置不同，7 月 6 日过程中合并的初始位置位于高层，而 7 月 17 日过程中初始位置位于中低层；②7 月 6 日合并过程中径向速度小于 7 月 17 日的合并过程；③7 月 17 日过程中，连接处下部和上部分别出现 K_{DP} 的负值中心和正值中心，且 K_{DP} 大值区的合并也落后于 Z_H；④7 月 6 日过程中冰相粒子并未出现明显的增加，而在 7 月 17 日过程中，合并后冰相粒子范围变大，且冰相粒子区域的合并要滞后于液相的雨水区。

已有研究表明在不同初始位置的合并过程中，上升气流的速度也有所差异，其中从中上部开始的合并，上升气流速度小；而从中下部开始的合并，上升气流速度大(李艳伟 等，2009)。这一点在径向速度的观测分析中得到了验证：从中低层开始的合并过程中，径向速度最大值要比从中上部开始的合并大 5 m/s 左右，因此风的辐合产生的上升速度也高于从中上部开始的合并过程。此外，当上升气流速度小时，就不足以支撑大量的粒子向高层输送而形成冰晶和冰雹，因此并不能显著增加冰相粒子的数量；而上升速度大时，会有大量的粒子被抬升到高层形成冰晶和冰雹，冰相粒子出现一个范围增大的过程。这一特征也与偏振雷达观测结果相一致，也就是说通过数值模拟得出来的合并机理与特征，在偏振雷达的观测实事中得到很好的体现。

对于不同的偏振量来说，大值区或强中心的合并时间也存在差异。其中，Z_{DR} 大值区合并和 Z_H 强中心合并在时间上同步。K_{DP} 大值区的合并在两次过程中有所不同，在 7 月 6 日的过程中 K_{DP} 大值区的合并与 Z_H 强中心同步，而在 7 月 17 日的过程中，K_{DP} 大值区的合并要落后于 Z_H 强中心的合并。

5.4 合并过程微物理特征模拟

5.4.1 过程概况及对流单体合并过程观测分析

翟菁等(2012)对一次强对流天气过程中的合并现象进行了分析和模拟，阐述了对流云合并过程中的微物理特征。2008 年 7 月 22 日，安徽、湖北、江苏等地发生暴雨以及雷雨大风等强对流天气。22 日 00:00 500 hPa 湖北、河南一带为低涡控制，低涡东北为暖锋云系，低涡南部为冷锋云系。此时高层 200 hPa 山东半岛以北有高空急流，500 hPa 受西北气流控制，700 hPa、850 hPa 在河南靠近安徽交界处均有风切变，700 hPa、850 hPa 冷锋前侧有西南风低空急流，低空急流造成暖湿空气的输送，高空急流则带来干冷平流，风随高度顺转，大气层结处于不稳定状态。在这种有利于对流性天气发生的形势下，22 日 00:00 之后安徽北部、河南、湖北部分地区陆续生成一些对流单体，其中一些单体合并形成较大对流云团，之后继续合并发展成中尺度对流系统，并引发强对流天气。

使用新一代天气雷达组网产品(包含武汉和阜阳雷达拼图，水平图为 3 km 高度雷达回波强度拼图产品，剖面图也是回波强度)对当天一段对流云合并过程进行观测分析。22 日约 03 时，在大别山区西侧开始出现一些零星的对流性的回波，其中一些回波不断的合并发展，形成较大的回波块。图 5.8 给出 22 日 04:18—05:36 这一时段内，一些小对流云团合并发展成大对流云团的过程的 3 km 高度雷达回波强度拼图(图 5.8a)，以及沿图中黑线指示的雷达回波剖面图(图 5.8b)。以不同云团间 30 dBZ 以上的回波合并连接在一起时定义为合并开始发生,以两个或多个独立的回波中心合并为一个回波中心定义为合并的完成。

04:18,湖北与河南交界处有一些零星的回波已经在发展中,平面图沿 AB 线位置有 2 个独立的对流单体,从剖面图中可以看出两个单体 40 dBZ 的回波顶高都在 4～5 km 高度。04:24,随着回波不断发展,对应 AB 线的剖面图中两个单体的 40 dBZ 以上回波强度面积都有所增大,且剖面图中 40 dBZ 的回波顶高都抬升到 5～6 km 高度,说明两个单体都处于相近的发展阶段。04:36,平面图上可以看到沿 AB 线上两个单体合并成微微呈弧形的回波,由于不在一条直线的方向上,剖面图中仍有两个强回波中心,只能看出 35 dBZ 以上的回波合并,实际两个单体的强回波中心已经合并连接在一起。此时,剖面图中出现了水平尺度约 5～8 km 的 45 dBZ 以上的回波。05:06,沿 AB 线位置的剖面中能看到靠近 A 端的单体得到了进一步的发展增强,45 dBZ 以上回波的水平尺度达到 10 km 以上,整个云团水平尺度达到约 20 km,云顶抬高。但是这一云体的发展增强不止有 AB 方向的合并贡献,还有沿 CD 线方向的合并贡献,稍后再分析 CD 方向的合并过程。

05:12 后,沿 AB 线方向的剖面图中出现了若干个 50 dBZ 以上的强回波中心,说明合并后对流云团继续发展,云团结构不均匀。从 05:36 沿 AB 方向的剖面图中看,这一回波带中,回波顶高最高处、强回波的中心逐渐向 AB 线的 B 端发展。事实上,这一合并过程中云系整体向东北方向移动,在其移动方向的右侧不断有单体生成并逐渐合并进来,直至系统发展成一个西北—东南走向的云带,而这一云带中回波最强的地方一直位于其移动方向的右侧。这样不断地合并促使对流系统逐渐形成。

另一个方向的合并也在同时发生着。04:24 平面图中有几个较弱的小云团和一个较强的大云团,沿 CD 线方向的剖面图中有几个较弱的小云团和一个最大回波强度 40 dBZ 的较强大云团。04:36,这几个云团的回波都有所增强,较大云团最大回波强度为 45 dBZ,云团之间 30 dBZ 以上的回波之间开始合并。05:06,沿 CD 线的剖面图中原有的两个回波中心合为一个且出现了 45 dBZ 以上强回波中心。合并后,云团的回波结构仍在不断发展变化,05:18 沿 CD 线方向的剖面图中,最强回波中心位于靠近 D 端,同时靠近 C 端约 5km 高度处有另一个强回波中心。05:24 沿 CD 线的剖面图中,云团中的两个强回波中心又再次合并为一个靠近 D 端的强回波中心。

在这个西北—东南走向的大云团发展的同时,其移动方向的前方也有平行的三个单体出现,其中两个单体在西北—东南方向上发生合并。沿 05:12 的 EF 线做剖面,图中有两个最大回波已经达到 50 dBZ 的强单体,其中靠近 F 端的单体回波顶更高,发展更强。05:18,靠近 E 端的单体回波强度减弱,中心强度 45 dBZ,45 dBZ 回波顶高在 4～5 km,而靠近 F 端的单体增强,回波中心强度加强到 55 dBZ,45 dBZ 回波顶高约在 6 km,回波强度和强回波顶高都高于另一个单体。05:24,靠近 E 端的单体减弱至几乎消散,而 F 端的单体仍保持发展,且 35 dBZ 以上回波的面积略有增加。在这个过程中,原本相对较弱的单体消散了,而原本发展更强的单体得到了维系发展,两个云团变成了一个云团,同样完成了合并。

沿 GH 线方向同样有合并在发生。05:24 平面图中可以看到整个西北—东南走向的大云团和平行的小云团外围的回波开始合并,沿 GH 线的剖面图中有两个单体外围 30 dBZ 以上的回波已经合并在一起。05:36,平面图中沿 GH 线位置的回波已完全合并在一起,剖面图中也可以看到仅有一个强回波中心。这一合并过程中,靠近 H 端的云团本身处于发展增强的阶

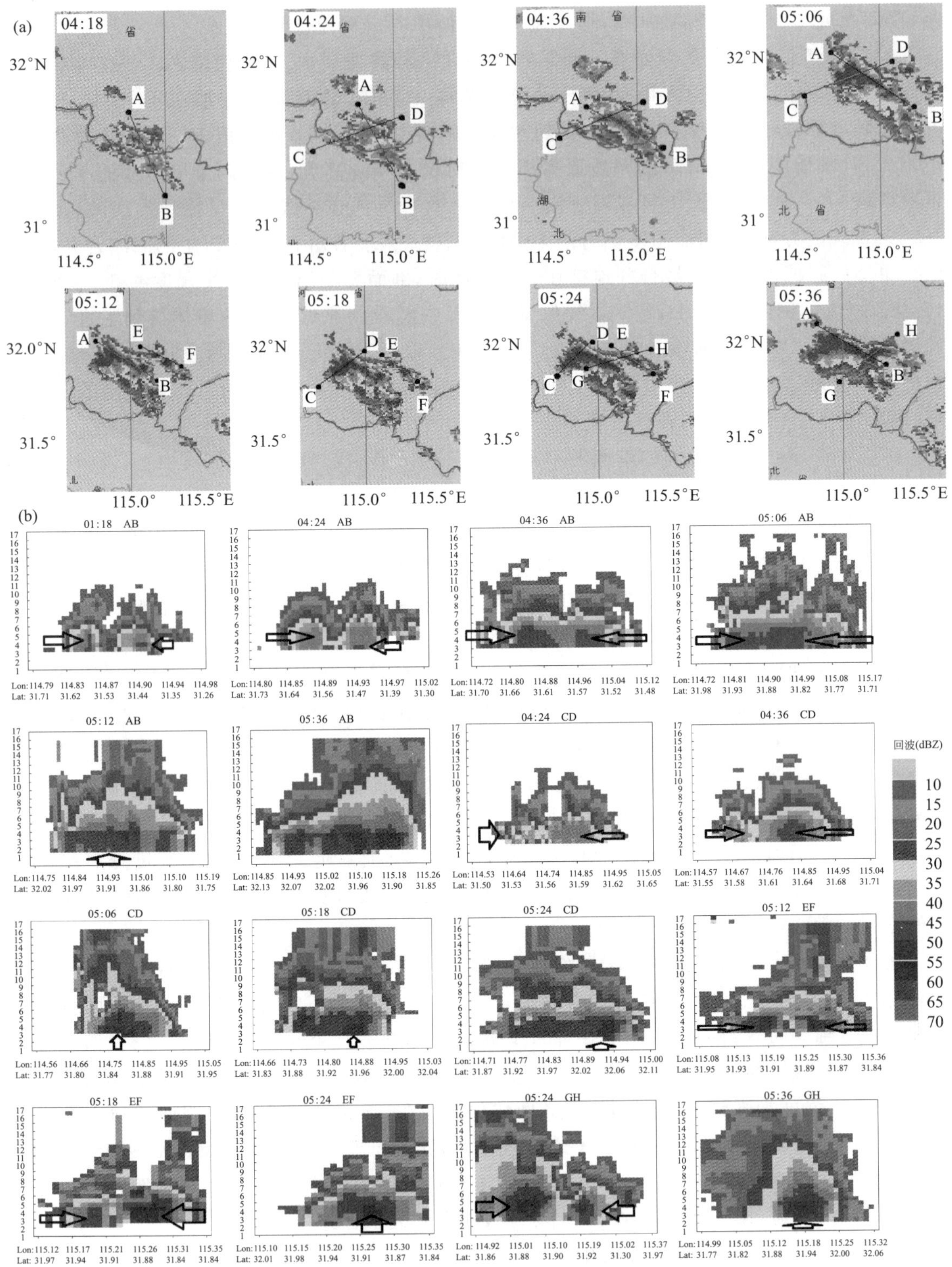

图 5.8 2008 年 7 月 22 日在 3 km 高度雷达回波拼图及雷达回波剖面

(a)雷达回波拼图;(b)沿 a 图中箭头所示位置的剖面图

段，而靠近G端的云团由于AB方向上强回波中心的发展合并也在不断增强之中，两个云团也是处于接近的发展增强阶段，合并后强回波面积增加、回波顶抬高。

这一合并过程中，云系整体向东北方向移动。这几次合并的单体，30 dBZ以上回波的水平尺度约5～10 km，合并单体中心相距约10～20 km，通过合并形成了30 dBZ以上回波水平尺度为几十千米的较大单体，合并后强回波面积增加，有些还有回波顶抬高的现象。

前面对图5.8中的合并过程的分析表明，这些合并过程可以分为两类：一类是强度接近的单体之间的并合，一类是发展强度不同单体之间的并合现象。其中，04:24—04:36 AB方向上两个单体的合并过程和05:24—05:36 GH方向发生的合并，都是属于第一类发展强度相同或接近的合并；而在04:24—05:06的CD方向、05:12—05:24 EF方向上发生的合并，都是属于第二类发展强度不同单体之间的合并，合并过程中一个单体强度较强，另一个单体的强度相对较弱。其中，04:24—05:06 CD线方向合并的云团都处在发展增强阶段，但是合并的云团大小差异明显；而05:12—05:24 EF线方向的合并过程，虽然回波特征差异不大，但一个单体正在减弱，另一个正在增强。这两次合并后，弱的单体消散而强的单体继续发展。在后面的数值模拟工作中，将重点对这两类合并过程进行模拟分析。

5.4.2 模拟方案设计及检验

基于三维非静力平衡中尺度数值模式MM5对这次过程进行了模拟。采用三层双向嵌套，网格距依次是27 km、9 km、3 km。模拟时间从2008年7月21日12:00开始，第1、2层共模拟了30 h，当模拟到21日22:00开始第三层的模拟，每隔10 min输出一次模拟结果。

为了对数值模式模拟结果进行深入分析，首先需要将观测资料与模拟结果进行对比验证。首先，在天气形势方面，对模拟结果的分析表明，22日00:00—06:00，湖北、河南一带被西南涡控制，高层山东半岛以北为高空急流，700 hPa、850 hPa为低空急流，500 hPa为西北风，700 hPa、850 hPa在对流性天气发生处有风切变。模式对西南涡的位置和强度模拟结果与实况分析结果很相近，大尺度形势场特征差异很小。其次，对云系整体分布的对比结果表明，模式模拟的云系分布、位置和实况基本一致，但云系中强对流系统的分布存在一些差异。图5.9给出FY-2C卫星观测所得22日06时的云顶亮温图(图5.9a)，以及同时刻模拟总水物质柱含量分布图(图5.9b)。从云顶亮温图中可以看出，云系大致分为上下两段，云系上半段为暖锋云系跨陕西、河南、安徽、山东等省，云系下半段为冷锋云系跨湖北、湖南、贵州等省。从模拟总水物质柱含量分布来看，模拟云系分布也大致分为上下两段云系，云系上段同样覆盖了陕西、河南、安徽、山东等省，云系下半段中有一条狭窄的云带经过湖北、湖南以及贵州与广西交界处，但在暖锋云系中云水含量最大的地方与实况云顶低亮温对流中心的位置有偏差。

在前面对实况对流单体合并过程进行观测分析时，发现有两种典型合并过程：一类是发展强度接近的两个单体之间的合并，一类是发展强度不同的两个单体之间的合并。基于第三层网格模拟结果，对在实况合并发生相近位置，模拟得到的这两种类型的合并过程进行分析。

5.4.3 强度相近对流间的合并

首先，为便于对比实况雷达资料，对模拟合并过程雷达回波特征进行分析。图5.10给出基于第三层网格模拟结果的750 hPa回波强度分布，从图中可以看到两个发展强度接近的小单体的合并过程。这两个单体在21日23:00之前生成，其中东侧的一个单体较早生成，而另

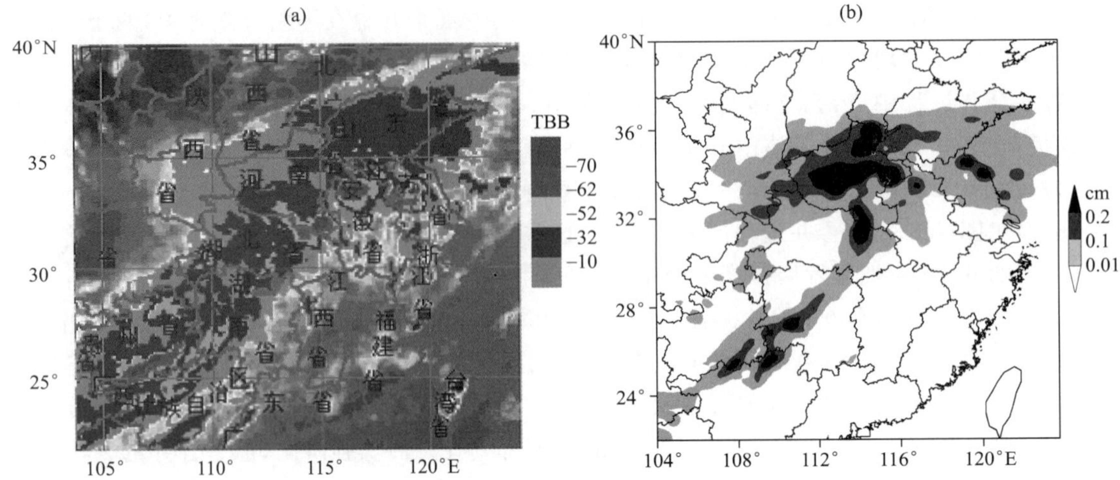

图 5.9　2008 年 7 月 22 日 06:00(世界时)实况云系与模拟云系对比

(a)云顶亮温;(b)模拟总水物质柱含量

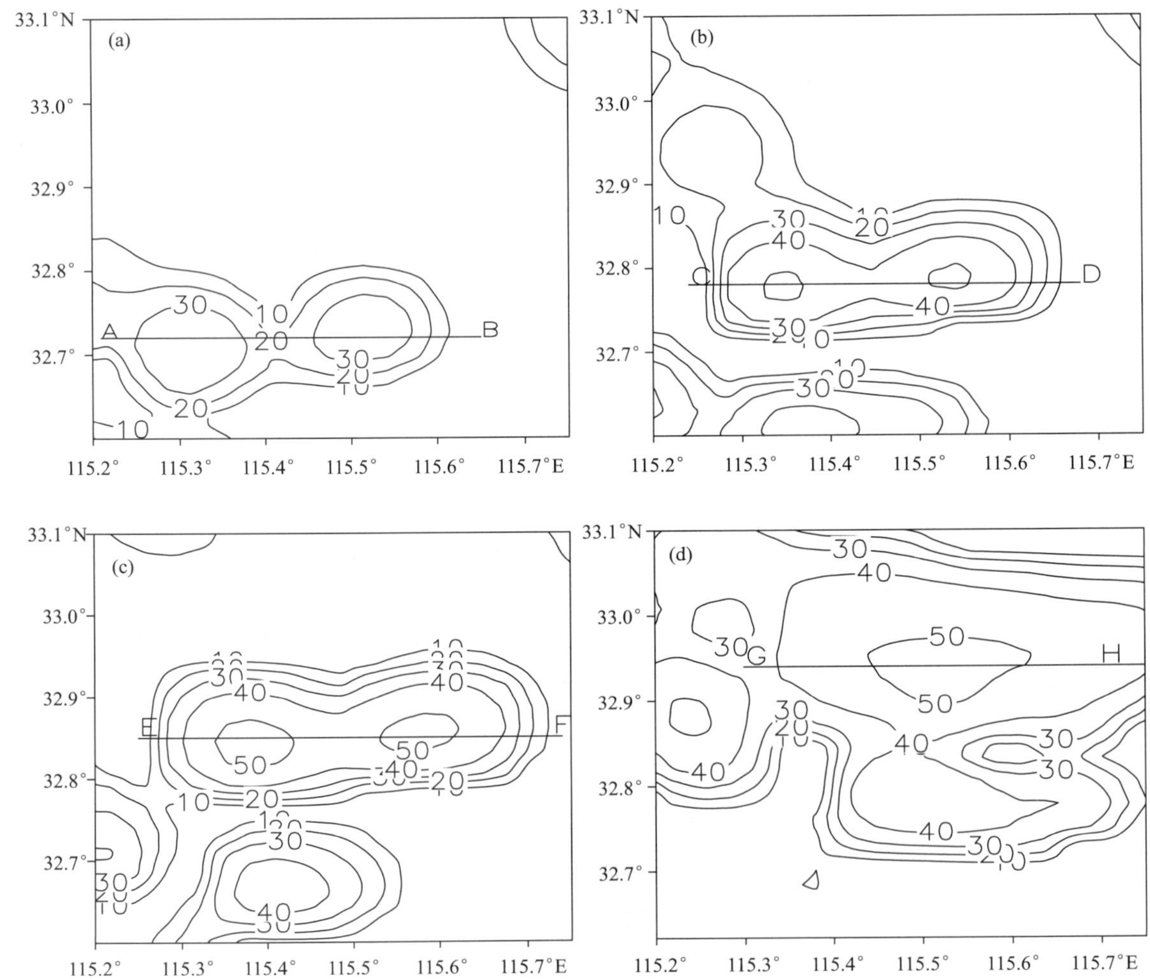

图 5.10　2008 年 7 月模拟 750 hPa 回波强度分布(单位:dBZ)

(a)21 日 23:10,(b)21 日 23:30,(c)21 日 23:50,(d)22 日 00:20

一个单体稍晚出现在西侧，云系整体向东北方向移动。图 5.10 中，23:10 两个单体的中心强度都在 30 dBZ 以上；23:20 两个单体发展增强(图略)；23:30 两个单体 30 dBZ 以上回波的水平尺度约为 10 km，中心距离为 0.2°经度约 20 km，此时两个单体的发展强度接近，回波中心强度都已增强到 50 dBZ 以上，同时外围的 40 dBZ 的回波已开始合并；至 23:50 两个单体的中心 50 dBZ 回波强度面积增加；23:40—22 日 00:00，两个单体中 50 dBZ 以上的强回波面积继续增加，整个回波继续缓慢向东北方向移动，同时西南方有回波也在移动中；00:10，两个单体的 50 dBZ 以上的回波中心开始合并为一个中心(图略)；00:20 合并后的 50 dBZ 以上的回波面积增加，形状也从狭长的带状逐渐变成了接近椭圆的形状。

为了进一步分析合并过程雷达回波特征，沿图 5.10 中黑线所示位置进行雷达回波剖面图分析(图 5.11)。21 日 23:10，沿图 5.10 中 AB 线所示位置进行剖面，可以看到西侧单体 10 dBZ 以上的回波位于 550～900 hPa，东侧的单体回波已经及地，说明此时东侧单体比西侧单体发展得更成熟一些。此时，在 650 hPa 的位置 20 dBZ 的回波廓线已经相连；23:30 两个单体的回波强度同时增强，都在 650～850 hPa 出现了 50 dBZ 以上的强回波，且强回波面积很接近，但此时 50 dBZ 强回波中心还没有发生合并，仅 40 dBZ 的回波相连；23:50，两个单体内 50 dBZ 以上的强回波中心已经及地，说明对流发展得很旺盛，单体发展到了成熟阶段，此时仍是 40 dBZ 的回波廓线相连；22 日 00:20，两个单体内部的强回波中心也发生了合并，50 dBZ 的回波中心合并为一体，且 50 dBZ 以上的回波面积增加。

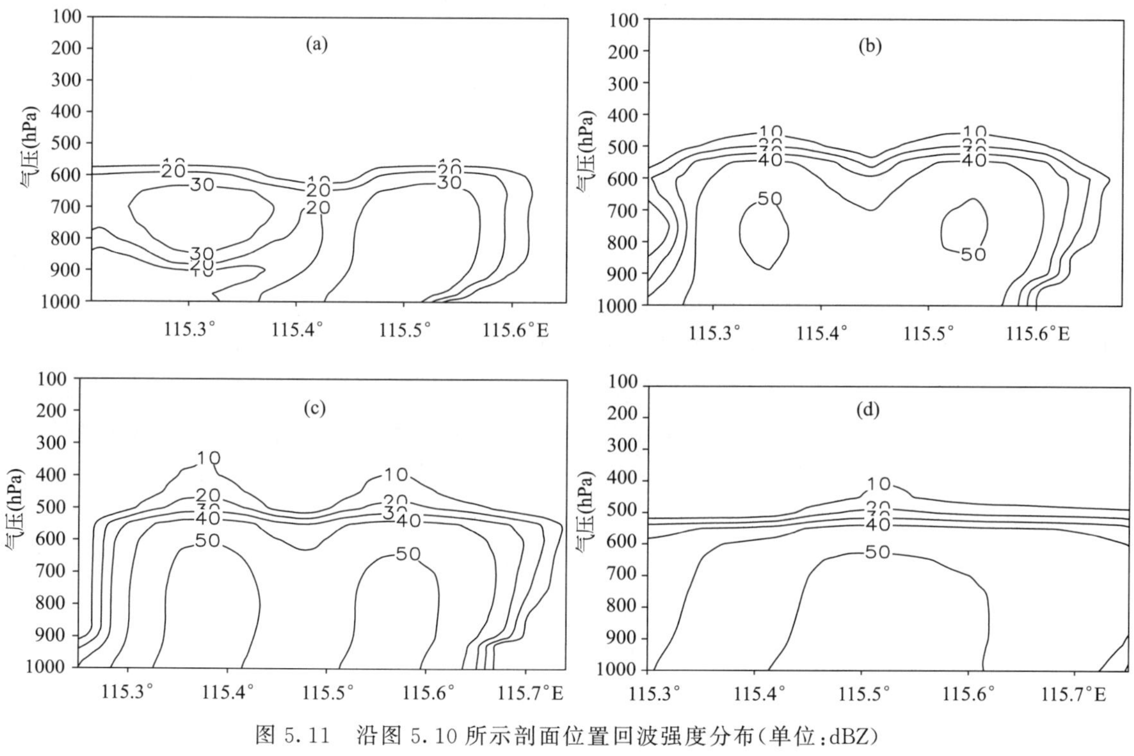

图 5.11　沿图 5.10 所示剖面位置回波强度分布(单位:dBZ)

(a)21 日 23:10 沿 AB 线，(b)21 日 23:30 沿 CD 线，(c)21 日 23:50 沿 EF 线，(d)22 日 00:20 沿 GH 线

综合 750 hPa 和对应剖面图的回波特征上来看，这次合并发生在两个发展强度接近的单体之间，合并前两个单体的水平回波近似圆形，30 dBZ 以上的水平尺度约 10 km，中心距离约

20 km。合并后整个云体呈椭圆形,强回波面积明显的增加,30 dBZ 以上的回波在东西方向上的水平尺度增加到几十千米。合并首先从两个单体外围的回波之间开始发生,最后是回波中心的合并。合并过程中回波不断增强。

对比发展强度接近型对流合并过程的模拟回波和实况观测回波特征,可发现一些共同点:①合并前,实况单体 30 dBZ 以上的水平尺度约 5~10 km,模拟单体则约 10 km,水平尺度接近;②合并前回波中心相距都在 20 km 左右;③都是发展强度接近的单体之间发生了合并;④合并过程中,首先是外围的较弱回波合并,然后是强回波中心在中低层合并;⑤合并后强回波的面积增加。

仅凭回波特征看不出合并的云物理特征变化,需要对模拟的合并过程进一步分析。图 5.12 给出了对应图 5.10 中 CD、EF、GH 三条线以及相应时次的水成物分布剖面图,图中色斑图对应的是云水含量,黑色线对应雨水等值线(1 g/kg、3 g/kg),蓝色对应 0.01 g/kg 的冰晶等值线,红色对应雪晶 0.01 g/kg 的等值线,橘黄黄色对应 0.1 g/kg 的霰等值线,同时给出垂直风场的分布,紫色线标注了零度线位置。23:30,零度线位于 550 hPa 附近,两个单体分别有独立的云水、雨水和雪中心,云水中心略高于零度线位于 500 hPa 高度,大多为过冷云水,0.1 g/kg 以上含量的霰分布在 450~550 hPa,雨水位于零度线以下。此时 500~850 hPa 为上升气流,500 hPa 之上为偏西风,而 850 hPa 之下为偏东风,垂直方向上存在着风切变。此时,两个单体的水成物在含量、分布各方面都很接近。23:50,随着两个单体的发展,两个云水中心抬升到 450 hPa 高度,其中西侧的云水含量略高于东侧,最大值为 2g/kg,霰的分布抬升至 250~600 hPa,250~350 hPa 出现了少量含量在 0.01 g/kg 以上的冰晶,西侧单体在 300~350 hPa 高度还出现了 0.1 g/kg 以上的雪晶。从 3 g/kg 的雨水廓线可以看出,两个单体的降雨比合并前都增加了,西侧单体 3 g/kg 的雨水廓线已经及地。对应图 5.5 中同时刻、同位置的雷达回波剖面图,可以看到雷达回波的强中心主要对应的是雨水中心。此时,西侧单体的发展强度比东侧单体略强,西侧单体 350~750 hPa 都为上升气流,东侧单体 350~700 hPa 都为上升气流,此时由于两个合并的单体上升气流随着单体的发展而增强,对低层空气的抽吸作用,引起了低层气流辐合,同时,西侧单体在 450 hPa 附近流出的下沉气流,也进一步加剧了垂直方向的气流辐合。而低层的气流辐合又抬升产生新的上升气流,从而在 600 hPa 附近产生了新的云水中心。由于此时雨水对应的雷达回波强度比云水大,因此,在雷达回波图中看不出这个变化。00:20,原有的两个云水中心很快被新的、不断发展的云水中心取代,整个云体对应着统一的环流,云水、雨水、雪晶、霰合并后都只有一个中心,只有冰晶还保留着两个中心。此时,0.01 g/kg 以上含量的冰晶位于 300~200 hPa,0.01 g/kg 以上含量的雪晶位于 200~500 hPa,0.1 g/kg 以上含量的霰位于 250~650 hPa,合并使新生的云水中心含量很快增加,并引起了雨水以及霰、雪晶、冰晶等冰相物质含量的增加,对应的及地的雨水面积也增加了。此时,雷达回波剖面图上的回波也已合并成一体。

结合对模拟合并过程的降水情况的分析表明,当新的云水中心出现后,地面降水就开始增加。合并前 21 日 23:10—23:20 的 10 min 降水强度约为 0.1 mm,随着单体的发展降水强度逐渐增加,至 23:30—23:40,图 5.13a 中的降水强度中心达到 0.7 mm/10 min 以上。而当新的云水中心出现后,降水强度进一步增加,22 日 00:00—00:10 地面降水中心合二为一,中心降水强度达到 1.0 mm/10 min 以上,此后,降水强度在新的云水中心取代原有老云水中心的合并过程中进一步增加,00:20—00:30 达 1.2 mm/10 min 以上。对应图 6.5 中云微物理特征

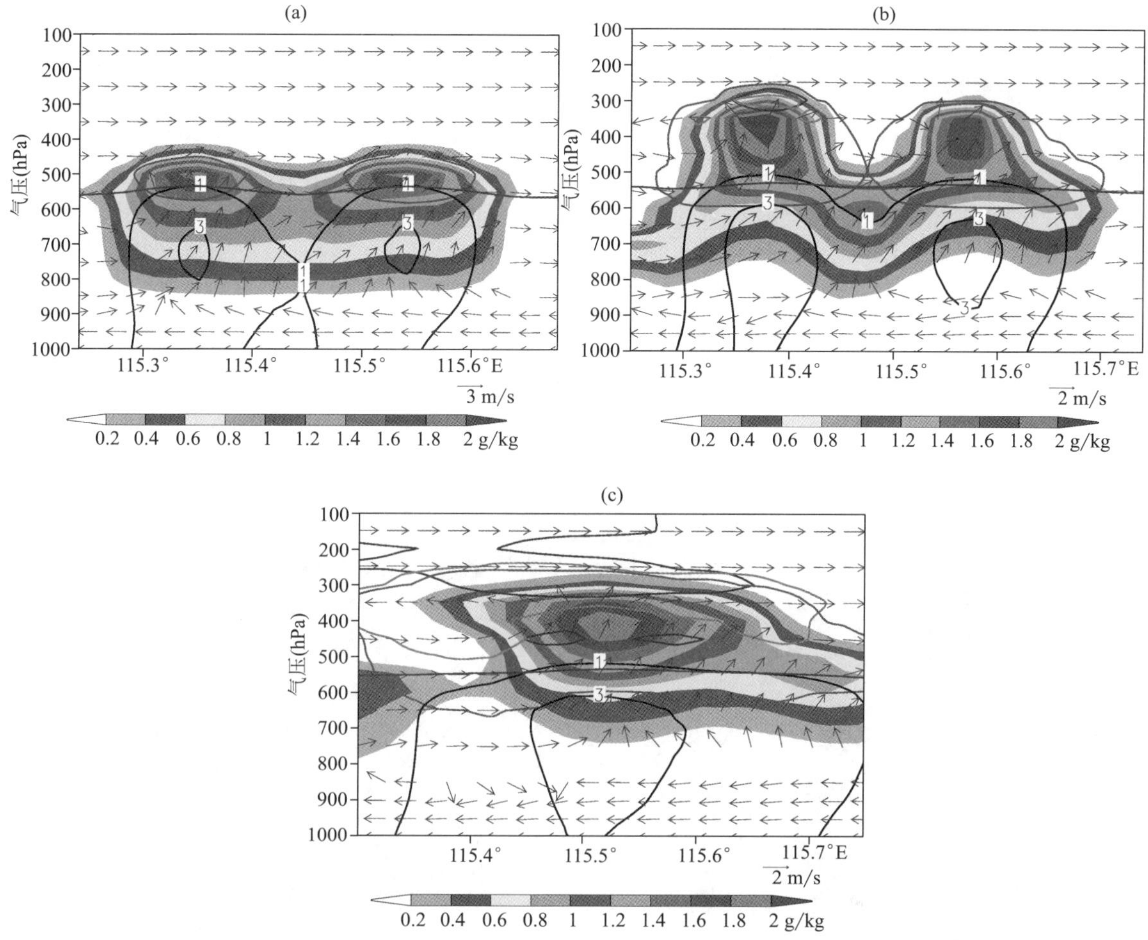

图 5.12　2008 年 7 月模拟水成物含量分布以及风场的剖面(彩图见书末附页)
(彩色阴影:云水含量;紫色线:零度线位置;黑线:1、3 g/kg 雨水等值线;蓝线:0.01 g/kg
冰晶等值线;红线:雪晶 0.01 g/kg 等值线;橘黄色线:0.1 g/kg 霰等值线)
(a)21 日 23:30 沿图 5.10b CD 线,(b)21 日 23:50 沿图 5.10c EF 线,(c)22 日 00:20 沿图 5.10d GH 线

的变化可以发现,新的云水中心出现后,地面降水增加了,对应新的降水中心位置处,冰相物质含量很少仅有云水,此时应是暖云过程为主;随后,冰相物质很快增加,地面降水强度也进一步增加,说明合并后期有冷云过程加入后,使得降水进一步发展并持续。

在这个合并过程中,新的云水中心的产生、发展,对合并起到了关键的作用。进一步的分析发现,合并前两个单体都处于强度近似的新生—发展阶段。两个单体自身发展过程中,低层两个单体之间产生辐合上升气流,从而产生一个新的云水中心,随后这两个单体自身减弱,新生的云体不断抬升发展,从而在原有的两个单体之间形成一个新的单体,合并完成。进一步的分析表明,对应着新的云水中心发生的位置,650 hPa 至近地面层之间为辐合中心,650 hPa 之上为辐散中心。图 5.14 给出 21 日 23:50 的 600 hPa 和 900 hPa 的散度,从图中可以看到,合并发生处在 600 hPa 为两个辐合中心中间夹着一个辐散中心,而低层 900 hPa 有一个辐合中心。图 5.15 给出这两个高度的气压分布,可见 600 hPa 辐散处对应一个高压中心,而低层为两个高压中心夹着一个低压中心。900 hPa 的低压以及辐合,以及 600 hPa 的高压辐散环境,

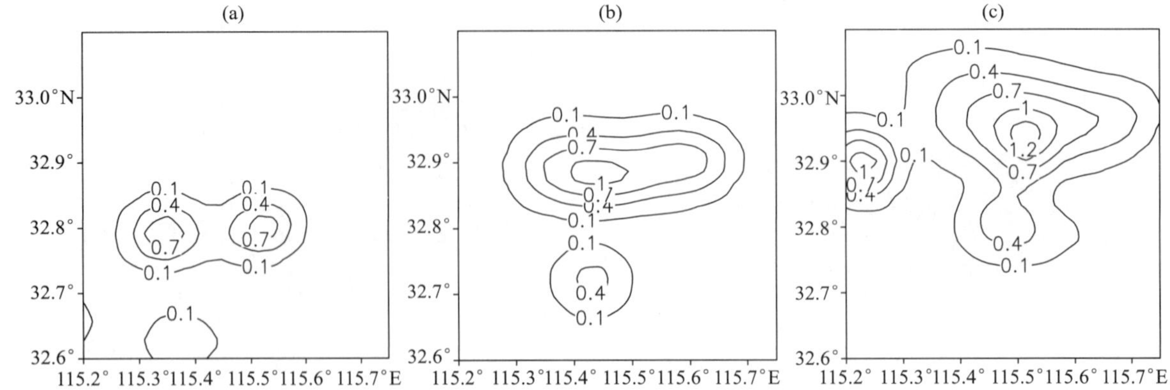

图 5.13　2008 年 7 月模拟地面 10 min 降水量(单位:mm)

(a)21 日 23:40,(b)22 日 00:10,(c)22 日 00:30

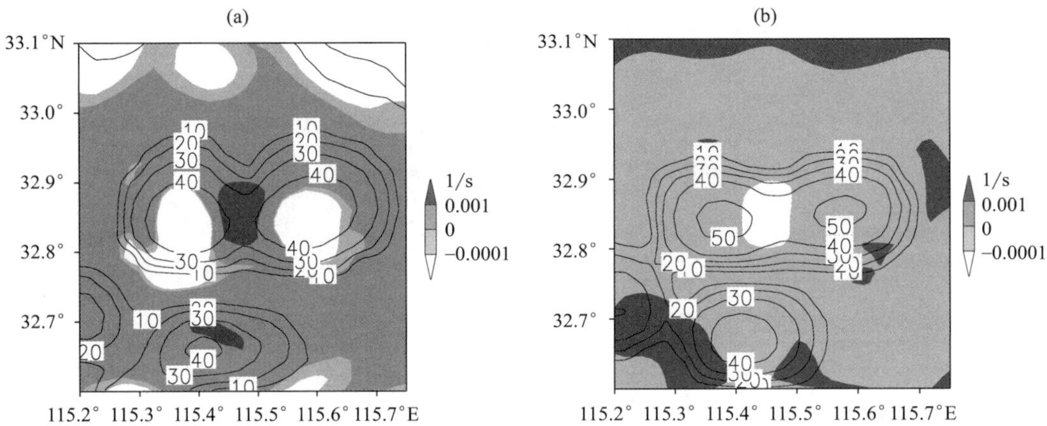

图 5.14　2008 年 7 月 21 日 23:50 模拟散度(阴影)及回波强度(单位:dBZ)分布

(a)600 hPa,(b)900 hPa

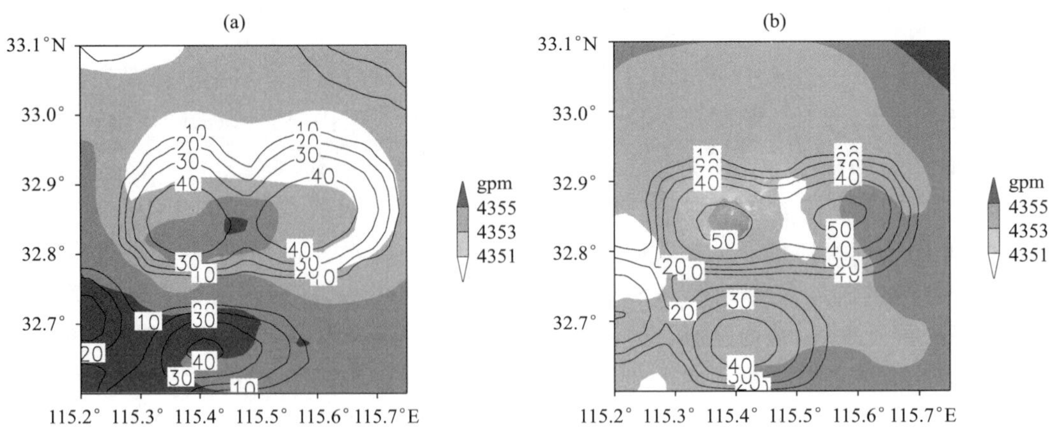

图 5.15　2008 年 7 月 21 日 23:50 模拟位势高度(阴影)及回波强度(单位:dBZ)分布

(a)600 hPa,(b)900 hPa

有利于新的云水中心的形成，而原有的两个单体处于低层辐散高层辐合的环境下，其发展被抑制，因而新的云水中心很快发展并取代了原有的两个老单体，从而促使合并很快完成。

5.4.4　强度不同对流间的合并

在实况雷达观测到的另一种情形的合并中，即两个单体处于一个较强一个较弱的情形。模拟中，也发现有这样的单体之间发生合并，并且其中一个单体处在对流增长的发展期，而另一个单体正处于从对流旺盛期减弱到对流衰弱的阶段。模拟结果表明，合并后，处于衰弱期的单体减弱甚至消失，发展期的单体增强，看起来似乎是小单体被大单体“吞并”了。同样，基于第三层网格结果，首先对这一合并过程的回波特征进行分析。图 5.16 中给出了 22 日 04:10—04:40 合并单体在 750 hPa 水平回波分布图。22 日 04:10，两个水平尺度约 10 km 的单体，其中心相距约 20 km，回波中心强度都在 50 dBZ 以上；04:20，东侧的单体中心 50 dBZ 以上的回波面积减小，单体已处于衰减之中，西侧的单体 50 dBZ 以上的面积增加，处于发展阶段，此时两个单体的发展阶段已有所不同；04:30，西侧单体继续发展，而东侧单体继续衰减，30 dBZ 以上的回波合并；04:40，进一步发展增强的西侧单体保留有 50 dBZ 以上的回波中心，而东侧单体中心回波强度已经在 50 dBZ 以下，两个单体合并为一体。从回波特征上来看，同样水平尺度，相距同样距离但发展强度不同的两个单体，在靠近后处于发展期的单体增强了，而处于衰弱期的单体减弱了。

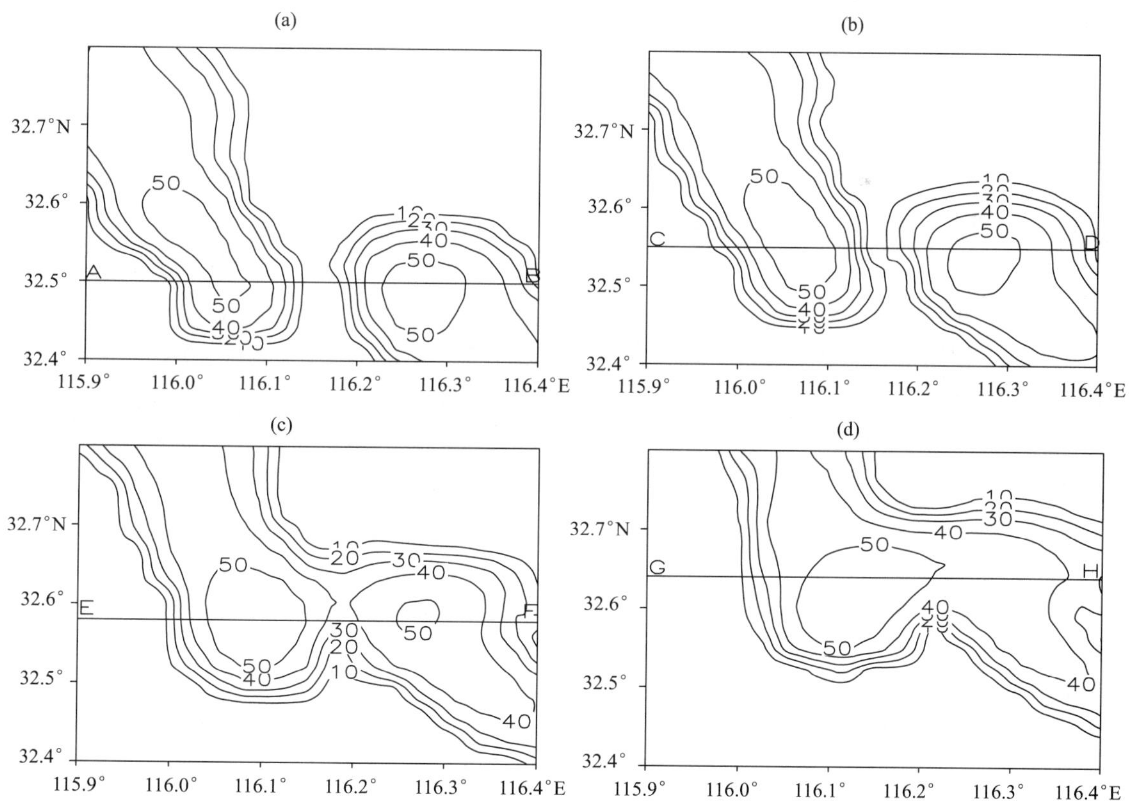

图 5.16　2008 年 7 月 22 日模拟 750 hPa 回波强度分布(单位:dBZ)

(a)04:10,(b)04:20,(c)04:30,(d)04:40

为了进一步分析合并过程中的回波结构变化,图 5.17 给出沿图 5.16 中黑线位置的雷达回波剖面图,04:10 西侧单体 10 dBZ 以上回波高度约 450 hPa,东侧单体 10 dBZ 以上回波高度约 400 hPa;04:20,西侧单体 10 dBZ 以上回波高度抬升到 400 hPa,50 dBZ 以上的面积在增加,东侧单体回波高度基本不变,50 dBZ 以上的回波面积减小,这种回波强度的变化同样说明西侧单体处于发展增强阶段,东侧单体处于衰减之中;04:30,西侧单体的 10 dBZ 以上回波高度抬升到 350 hPa,50 dBZ 以上的面积继续增加,而东侧单体的强回波面积继续减小,30 dBZ 以上的回波已经合并相连;04:40,整个回波只有一个 50 dBZ 以上强回波的中心,40 dBZ 和 50 dBZ 以上的强回波面积明显增加。从剖面图 5.17 中,可以更清楚地看到西侧单体发展增强和东侧单体减弱衰退的过程。

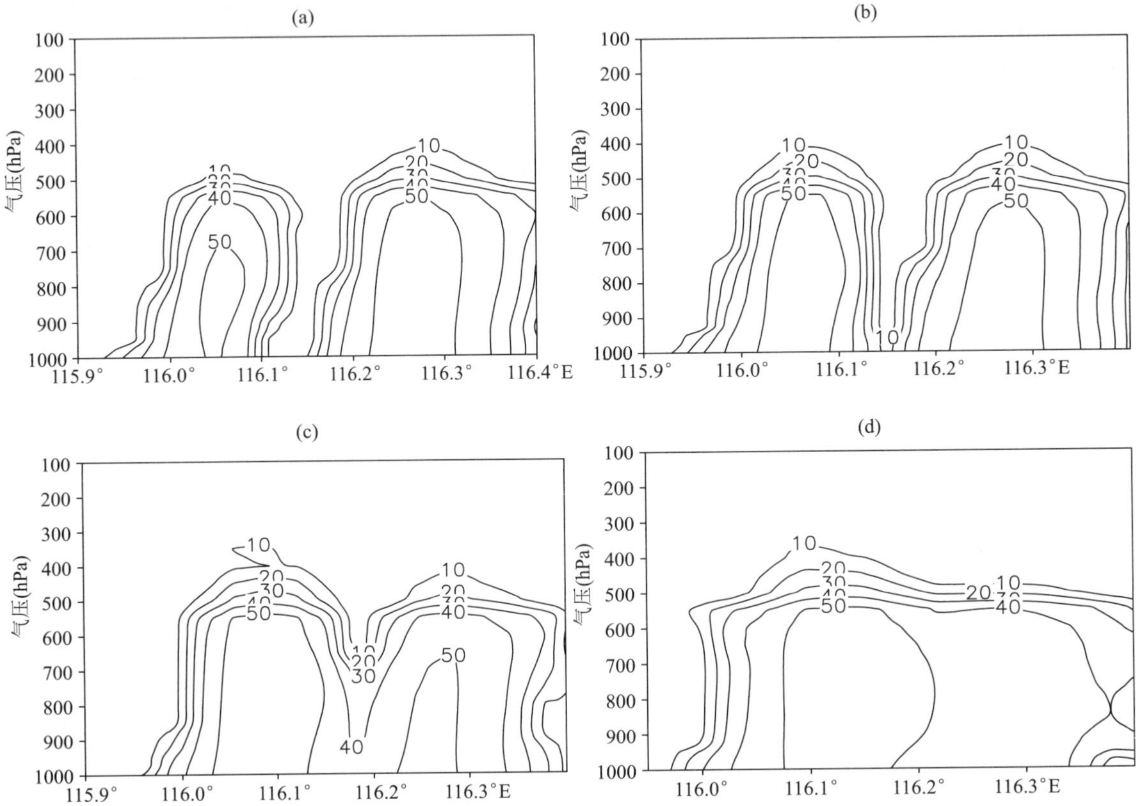

图 5.17 2008 年 7 月 22 日沿图 5.16 所示位置回波强度的剖面(单位:dBZ)
(a)04:10 沿 AB 线,(b)04:20 沿 CD 线,(c)04:30 沿 EF 线,(d)04:40 沿 GH 线

对比发展强度不同这一类型合并过程的模拟回波和实况观测回波特征,发现实况和模拟回波在合并前后的水平尺度特征一致,合并过程同样先是外围的较弱回波合并,然后是强回波中心在中低层合并,合并后强回波的面积也同样增加。

为了对合并的物理过程进行进一步分析,给出剖面位置的云水等水成物的分布图(图 5.18)。在图 5.18 中,04:10 西侧单体的云水中心在零度层所在高度即 550 hPa 附近,此时高层气流偏西风,低层气流偏东风,西侧单体的中下部,600 hPa 到近地层有倾斜的上升气流,其东侧 600 hPa 高度附近为出流,而东侧单体云水中心在 450 hPa 附近,400～800 hPa 为更强一些的上升气流。04:20 由于倾斜的上升气流的抽吸以及垂直风切变,引起低层气流的辐合上升，西侧单体下部略偏东 750 hPa 的位置产生了一个新的云水中心，此时西侧单体的出流对东侧单体的发展也起到一定的抑制作用；04:30 新的云水中心在倾斜上升气流的作用下，与西侧单体原有的云水中心发生倾斜的垂直方向上的合并，而在这个过程中，东侧的单体由于其西侧单体的出流影响，不断减弱至消散。04:40 合并已经基本完成，合并后的云水中心呈倾斜的形态，对应的雨水廓线的面积增加，霰、雪等冰相物质的分布范围也增加了，云体得到了增强和发展。对不同高度的散度和气压分布情况进行分析，可发现新的云水中心产生处同样是在低层辐合为低压，而高层辐散为高压的环境下形成，但两个单体发展强度的不同，对应的上升气流强度也不同，同时在垂直风切变的影响下，引起的地面辐合中心的位置更偏向发展阶段的单体。

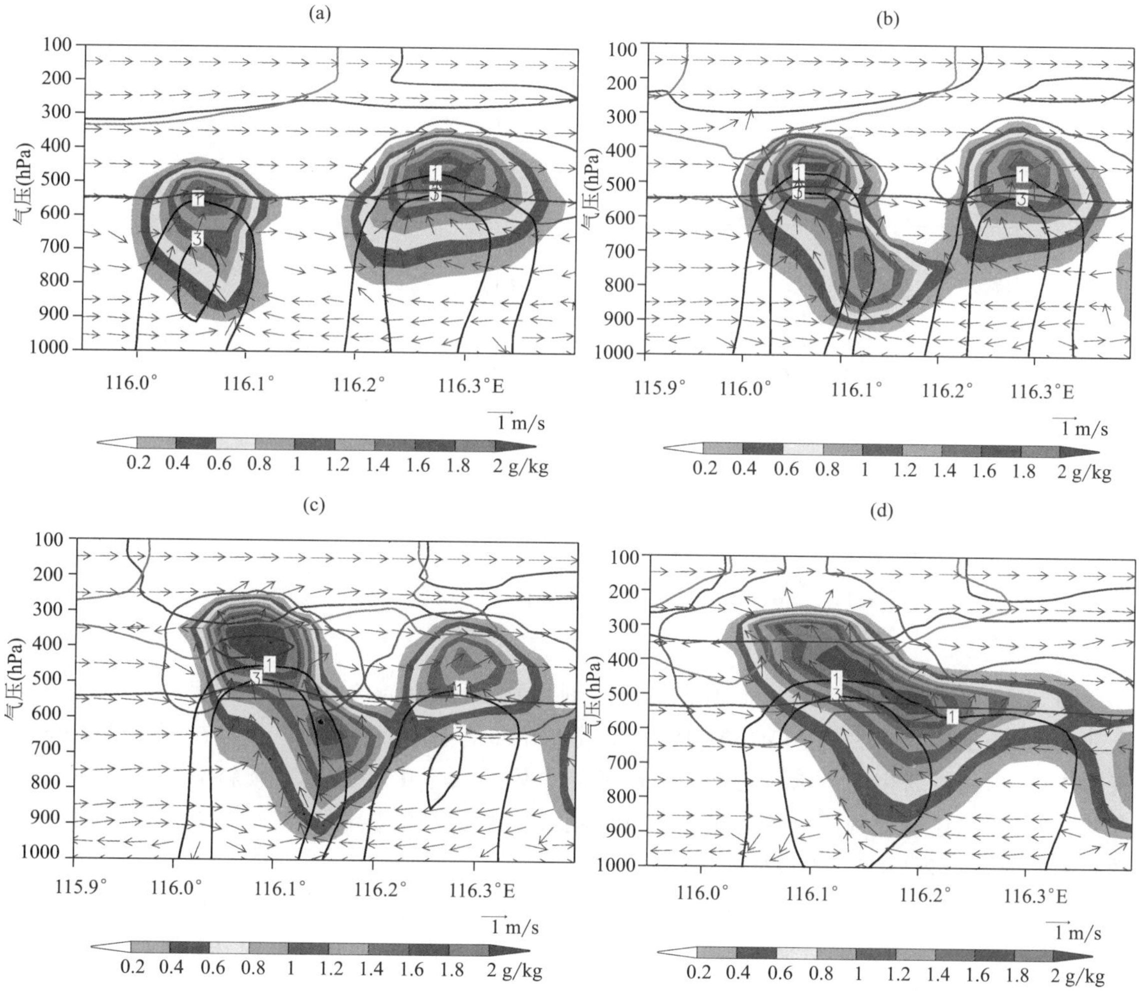

图 5.18　同图 5.12，但为 2008 年 7 月 22 日模拟的沿图 5.16 所示位置水成物含量和风场的剖面
(a)04:10 沿 AB 线，(b)04:20 沿 CD 线，(c)04:30 沿 EF 线，(d)04:40 沿 GH 线

合并前，04:00—04:10 西侧单体的 10 min 降水量要小于东侧单体，随着西侧单体的增强发展，图 5.19 中 04:20 西侧单体的 10 min 降水量又大于东侧单体，当新的云水中心在低层出现后，西侧单体的地面降水强度开始增加，图 5.19 中 04:30 可见中心降水强度在 2 mm/10 min 以上。在随后新的云水中心与西侧老的云水中心合并的过程中，10 min 降水强度保持在这一水平并一直维系到合并完成。与相同发展阶段中的合并过程有所不同的是，合并后期的降水强度没有进

一步增加。这可能是因为新的云水中心出现后，在较强的倾斜上升气流的作用下，很快与西侧老的云水中心发生了合并，对西侧老单体的降水过程起到一个补充云水的作用，而没有独立的降水过程发生，和相同发展阶段中的合并过程相比，缺少了一段以暖云过程为主的降水过程。

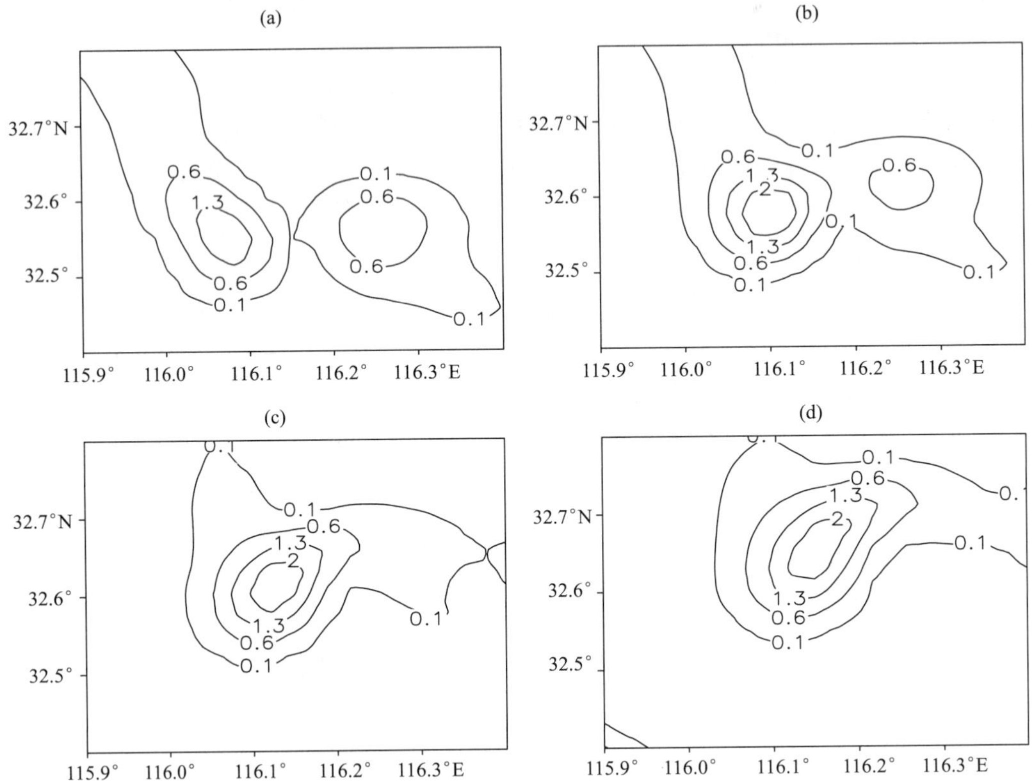

图 5.19　2008 年 7 月 22 日模拟地面 10 min 降水量(单位：mm)

(a)04:20，(b)04:30，(c)04:40，(d)04:50

图 5.20 给出合并中新的云水中心出现时刻的 650 hPa 和 950 hPa 的散度分布。由图可见，950 hPa 的辐合中心位置和 650 hPa 的辐散中心都更偏向西侧单体一些，在倾斜的上升气流的作用下，使得新生的云水中心和原有的西侧单体的云水中心发生了倾斜的垂直方向上的合并，而东侧单体却受到西侧单体出流的抑制而逐步减弱消散。这一过程使得在雷达回波上看起来的合并过程似乎是小单体被大的单体“吞并”。

不论是哪一类的合并过程，有利的大气层结特征对整个系统的发展演变都起到重要的作用。对第三层网格的模拟结果进行分析，发现高层主要为西风，200 hPa 风速约 12～15 m/s，有弱冷空气自北向南契入；中层为西北风，500 hPa 约 8～12 m/s；低层为南风到东风的切变辐合区，32.4°N 附近形成了一条水汽辐合带，925 hPa 风速约 2～8 m/s 的低层 850 hPa 的风场切变。而对第一层网格的模拟分析表明，高低空同时有急流存在。这种高层冷空气契入、低层水汽辐合、风随高度顺转且风速增加的垂直风切变配合高低空急流，所引起的大气层结不稳定十分有利于对流性天气的发展。尤其是风随高度顺转且风速增加的垂直风切变，使得在云体移动方向的右侧，低空有辐合(相对流入)，高空有辐散(相对流出)，有利于新单体的形成，在风场的辐合作用下，有利于新单体和老单体之间发生合并。

根据模拟结果计算了 K 指数、沙氏指数、对流有效位能，发现在前面模拟的对流发生区域

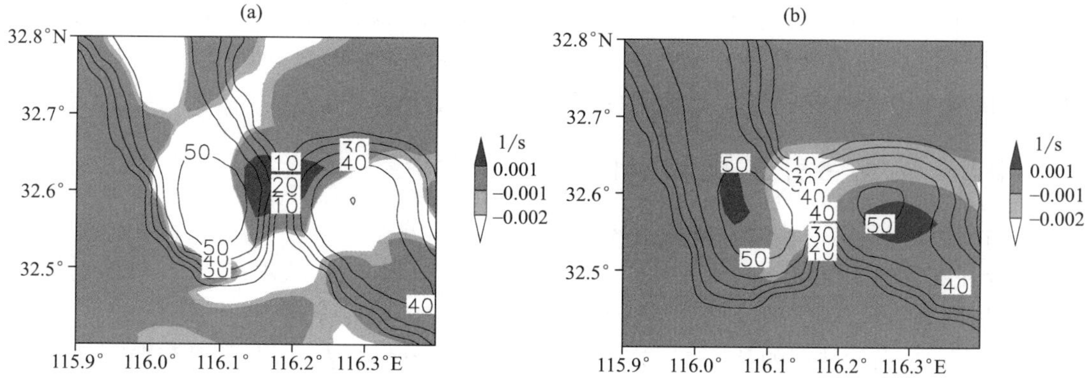

图 5.20　2008 年 7 月 22 日 04:30 模拟散度(阴影)及回波强度(单位:dBZ)分布

(a)650 hPa,(b)950 hPa

内,K 指数都达到 37 以上,沙氏指数都在 −1 以下,但对流有效位能的值在两次合并过程中的合并发生区域内为 0,说明合并是在层结不稳定条件下发生的。以不同发展阶段的合并过程为例,图 5.21 给出合并区域内的 K 指数、沙氏指数在合并过程中的分布情况。图 5.21a、b 中,K 指数、沙氏指数所指示的对流较强的位置与合并前的两个单体的位置有较好的对应关

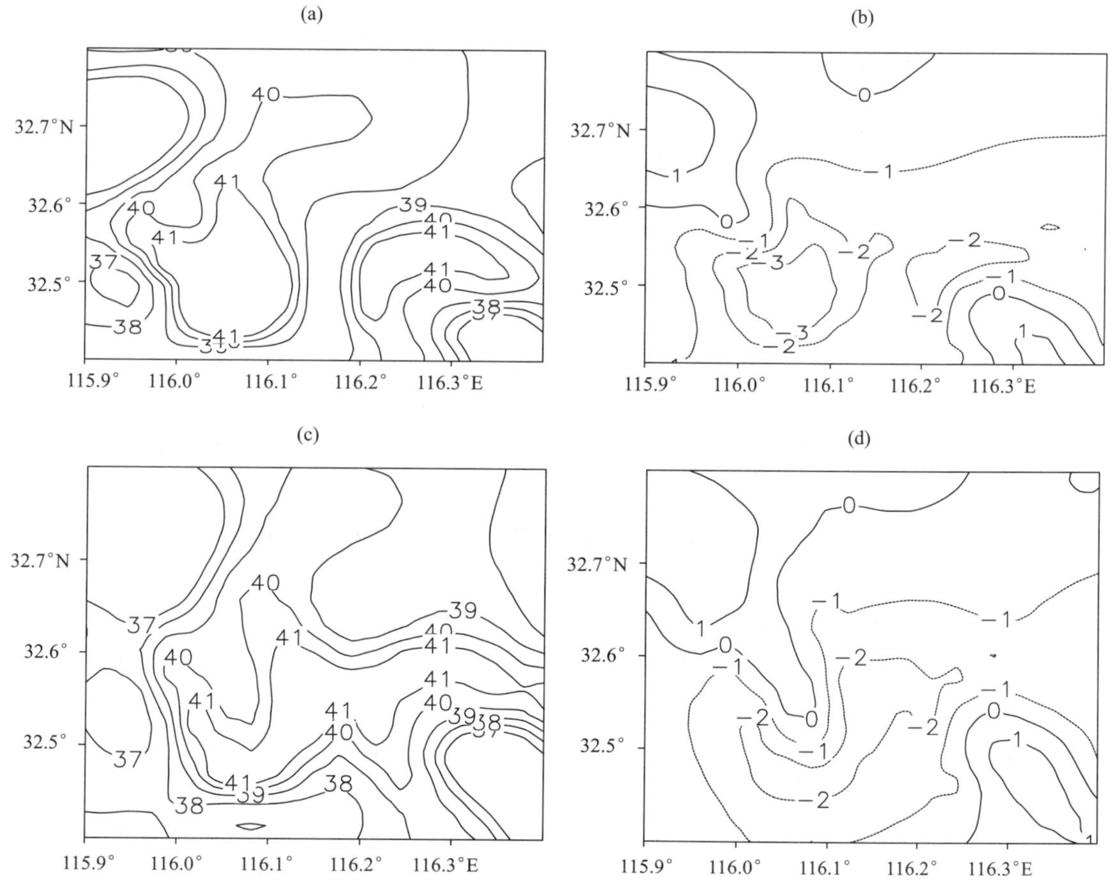

图 5.21　模拟 2008 年 7 月 22 日 对流指数

(a)04:10 K 指数,(b)04:10 沙氏指数,(c)04:20 K 指数,(d)04:20 沙氏指数

系，而图 5.21c、d 中，10 min 后 04:20 的 K 指数、沙氏指数均较好地指示出新生云水的发生位置，04:30 所指示的位置即有新的云水中心产生并发生合并，说明 K 指数、沙氏指数对合并中新生云团的发生位置是有一定指示意义的，但时效较短。

5.4.5 两类合并过程的异同点

两类合并过程在以下几个方面具有共同点：

(1)合并发生的大气层结的特征相同，具备高层冷空气侵入、低层水汽辐合、风随高度顺转且风速增加的垂直风切变、高低空急流存在这些大气层结不稳定条件。

(2)实况雷达回波特征的共同点：实况雷达回波特征的分析表明，合并过程中云系整体向东北方向移动，单体 30 dBZ 以上回波的水平尺度约几千米至 10 km，相距约 20 km 的小单体通过合并形成了水平尺度几十千米的大单体，合并后雷达回波的强回波面积增加，回波顶高抬升。合并时首先是外围较弱回波合并，然后是强回波中心合并。合并后有强回波面积增加，回波顶抬高现象。

(3)基于中尺度数值模式 MM5 模拟得到的对流云合并过程的雷达回波特征和实况基本一致：合并的单体 30 dBZ 以上的水平尺度约 10 km，单体中心相距都约 20 km。合并时首先是外围较弱回波合并，然后是强回波中心合并。合并后雷达回波的强回波面积增加，回波顶高抬升。

(4)通过数值模拟结果对合并过程的云物理特征进行分析，发现在合并的过程中，有新的云水中心产生，合并过程中云水、雨水、冰相物质含量和地面降水都增加。

(5)对模拟结果的分析还表明，合并过程中新的云水中心的产生机制为，在相邻的两块云中上升气流以及垂直风切变的共同作用下，使得两块云之间下部形成低压辐合区，从而促使新的云水中心的生成。

两类合并过程具有以下几点不同点：

(1)两类合并过程中，两个单体的发展阶段不同。第一个合并过程中两个单体的发展强度非常接近，都处于增强阶段，而在后一个合并过程中，其中一个单体处于发展期，而另一个单体处于发展成熟至成熟后的衰减期。

(2)对模拟结果的分析表明，第一类合并过程中，新产生的云水中心代替了原有的两个云水中心，而第二类合并过程中，新产生的云水中心和其中一个原有的云水中心发生了合并，而另一个单体减弱消散了。两种合并方式不同的原因在于，第二类合并中由于单体发展强度的不同，引起地面辐合中心的位置不同，会偏向发展强度较强的单体更多一些，使得新生的云水中心和原有的较强单体的云水中心发生了倾斜的垂直方向上的合并，同时较强单体的出流抑制了较弱单体的发展。而在第一类合并过程中新生的云水中心没有和原有的云水中心发生合并，而是抑制了原有的两个单体的发展并取代了它们，从而完成合并。

(3)第一类合并过程中，新生云水中心的发展过程中首先经历了以暖云为主的降水过程，随后冷云过程加入，整个过程伴随着地面降水的持续增加。第二类合并过程中，新的云水中心和老的云水中心发生了合并，因此，没有经历以暖云过程为主的降水过程，而是对西侧老单体的降水过程起到一个补充云水的作用。

5.5　小结

本章基于双线偏振雷达探测资料和数值模拟结果，对卫星云图观测到的两次对流云合并过程进行分析以及对一次合并过程进行模拟，得出以下结论：

(1)卫星云图上观测到的云团之间的合并过程，在雷达回波上表现为小回波之间的合并。另外，在卫星云图上的对流云合并区域内，只有部分区域出现回波之间合并。合并以后回波强度得到增强、径向速度增大，并在合并开始的位置出现辐合上升运动。也就是说合并后，对流云得到了增强与发展。

(2)合并过程中，Z_{DR} 大值区位于回波的连接处，并且会出现一个与 Z_{DR} 大值区相对称的负值区域；合并以后 K_{DP} 有所增强。在两次过程中，回波双程差分传播相位常数 K_{DP} 大值区的合并时间有所差异，从上部开始的合并过程中，K_{DP} 大值区的合并与 Z_H 强中心合并同步；而从中下部开始的合并过程中，K_{DP} 大值区的合并时间要晚于 Z_H 强中心。

(3)合并开始时，在回波连接处出现一个雨水区。从中下部开始的合并过程中，会出现冰相粒子范围增大的现象；而从上部开始的合并过程则不会出现云中冰相粒子范围的显著。

(4)对一次强对流天气过程进行模拟的结果表明，基于中尺度数值模式MM5模拟得到的雷达回波特征在水平尺度、合并过程的回波变化特征等方面和实况基本一致。模拟和实况合并过程的分析表明，可以把两个对流单体云团之间的合并分为两类：一类是发展强度接近的单体之间的合并，一类是发展强度不同的单体之间的合并。两类合并过程在合并方式方面不同：第一类合并过程中新产生的云水中心代替了原有的两个云水中心，新生云水中心的发展过程中首先经历了以暖云为主的降水过程，随后冷云过程加入，整个过程伴随着地面降水的持续增加；第二类合并中，新产生的云水中心和其中一个原有的云水中心发生了合并，而另一个单体减弱消散了，新的云水中心对西侧老单体的降水过程起到一个补充水汽和云水的作用。

参考文献

曹俊武，刘黎平，葛润生，2005. 模糊逻辑法在双线偏振雷达识别降水粒子相态中的研究[J]. 大气科学，29(5)：827-835.

曹俊武，刘黎平，2007. 双线偏振雷达判别降水粒子类型技术及其检验[J]. 高原气象，26(1)：116-127.

杜牧云，刘黎平，胡志群，2013. 双线偏振雷达差分反射率因子系统误差订正[J]. 高原气象，32(4)：1174-1185.

黄勇，翟菁，邱学兴，2013a. 淮河流域一次强对流性天气过程的遥感分析[J]. 气象与环境学报，29(2)：19-26.

李修芳，范蕙君，燕芳杰，等，1993. 用增强显示云图确定热带气旋强度的方法[J]. 应用气象学报，4(3)：362-369.

李艳伟，牛生杰，罗宁，等，2009a. 山地对流云并合形成积层混合云的过程分析[J]. 气象科学，29(2)：157-164.

李艳伟，牛生杰，姚展予，等，2009b. 云并合的初始位置探讨[J]. 大气科学，33(5)：1015-1026.

刘黎平，钱永甫，王致君，1995. 用双线偏振雷达研究云内粒子相态及尺度的空间分布[J]. 气象学报，54(5)：590-599.

刘黎平，王致君，1996. 双线偏振雷达探测的云和地物回波的特性及其识别方法[J]. 高原气象，15(3)：303-310.

刘黎平，王致君，1997. 我国双线偏振雷达探测理论及应用研究[J]. 高原气象，16(1)：99-104.

马建立，苏德斌，金永利，等，2012. X 波段双线性偏振雷达电磁波衰减对冰雹识别的影响[J]. 高原气象，31(3)：825-835.

史朝，何建新，李学华，等，2013. X 波段天气雷达地物回波的双偏振参量特征分析及应用[J]. 高原气象，32(5)：1478-1484.

肖艳姣，王斌，陈晓辉，等，2012. 移动 X 波段双线偏振多普勒天气雷达差分相位数据质量控制[J]. 高原气象，31(1)：223-230.

许健民，方宗义，徐建平，等，1994. 气象卫星——系统、资料及其在环境中的应用[M]. 北京：气象出版社，234-236.

翟菁，胡雯，冯妍，等，2012. 不同发展阶段对流云合并过程的数值模拟[J]. 大气科学，36(4)：697-712.

CUNNING J B, DEMARIA M, 1986. An investigation of development of cumulonimbus systems over South Florida, Part I: Boundary layer interactions[J]. Monthly Weather Review, 114: 5-24.

EDWARD A BRANDES, GUIFU ZHANG, J VIVEKANANDAN, 2004. Drop Size Distribution Retrieval with Polarimetric Radar: Model and Application[J]. Journal of Applied Meteorology, 43(3): 461-475.

LIU LIPING, HU ZHIQUN, FANG WENGUI, et al, 2010. Calibration and Data Quality Analysis with Mobile C-Band Polarimetric Radar[J]. Acta Meteorologica Sinica, 24(4): 501-509.

GORGUCCI E, CHANDRASEKAR V, BRINGI V N, et al, 2002. Estimation of raindrop size distribution parameters from polarimetric radar measurements[J]. Journal of the Atmospheric Science, 59(15): 2373-2384.

RYZHKOV A V, ZRNIC D S, 1995. Assessment of rainfall measurement that uses specific differential phase [J]. Journal of Applied Meteorology, 35(11): 2080-2090.

TAO W K, SIMPSON J, 1984. Cloud interactions and merging: Numerical simulations[J]. Journal of the Atmospheric Science, 41: 2901-2914.

TAO W K, SIMPSON J, 1989. A further study of cumulus interactions and mergers: Three dimensional simulations with trajectory analyses[J]. Journal of the Atmospheric Science, 46: 2974-3004.

ZRNIC D S, RYZHKOV A, 1995. Advantages of rain measurements using specific differential phase[J]. Journal of Atmospheric and Oceanic Technology, 13(2): 454-464.

第 6 章　合并在中尺度对流系统形成和发展中的作用

对流云合并是中尺度对流系统(MCS)形成过程中的一种组织方式,对流单体之间的相互合并、增强和发展,最终形成了 MCS(Mcanelly 和 Cotton,1986;Ping et al.,2014)。为了解合并在 MCS 形成和发展过程中的作用和机制。选取 2010 年 8 月,引发甘肃省舟曲县(位于白龙江流域)特大山洪泥石流灾害的天气过程,分析对流云合并在系统形成和发展中的作用。

引起该泥石流灾害的降水过程存在着局地性强、短时强度大以及突发性强等特点,并且在整个过程中,分别出现了每小时 55.4 mm(迭部代古寺)、76.3 mm(舟曲东山镇)的短历时降雨,是我国西部地区一次非常罕见强降水过程(曲晓波 等,2010;钤伟妙 等,2011)。采用气象卫星资料,对这一特大泥石流天气过程中出现的对流云合并现象进行分析,总结该次过程中合并现象的规律及其影响,分析 MCS 不同阶段对流云合并的机制。

6.1　过程概况

2010 年 8 月 7 日夜至 8 日凌晨,甘肃甘南藏族自治州舟曲县突发特大泥石流,造成重大人员伤亡。8 月 7 日亚洲中高纬地区为深厚低槽区,冷涡中心位于(105°E,63°N)附近,低涡中心稳定少动。大陆高压控制青藏高原至黄淮地区,高空锋区位于 40°N 附近。

图 6.1 为 8 月 7 日 00:00 和 12:00(世界时)500 hPa 高度场、温度场和 700 hPa 风场,7 日 00:00,在 500 hPa 上,甘肃北部、内蒙古西部有短波槽分裂南下,舟曲上空为偏北风,并处于冷平流区,而在 700 hPa 上,低槽位置偏西,舟曲上空为西南气流控制,携带大量水汽北上。至 7 日 12:00,500 hPa 上的低槽加深,并进一步东移南压,低槽移至陕西境内,700 hPa 低槽随之南压,与西南气流交汇于甘肃南部,附近形成东西向切变线。由于前期温度较高,加上中高层有冷空气影响,低层的切变线有利于激发对流天气。

从气象卫星红外增强云图与 500 hPa 高度场(图 6.2)上来看,云图上与低槽相对应的存在一片云系。从 00:00—12:00,低槽云系出现了一个增强发展的过程,并且在槽后的甘肃南部山区出现许多云顶亮温低的对流性云团。正是这些槽后的对流性云团相互合并后形成了尺度更大的中尺度对流系统,并在甘肃南部地区产生了强降水,引发了舟曲特大泥石流事件。

从地面 6 h 累计降水的分布(图 6.3)来看,06:00—12:00 有两片主要雨区:一个雨区与低槽云系相对应位于陕西北部,另外一个雨区位于甘肃南部山区。而在 12:00—18:00 与低槽云系对应的降水区强度减弱且范围缩小;但甘肃南部山区的降水区范围和强度都有所增加且位置向南移动。正是甘肃南部由北向南缓慢移动的强降水,导致了 8 月 7 日夜间舟曲特大泥石流事件的发生。

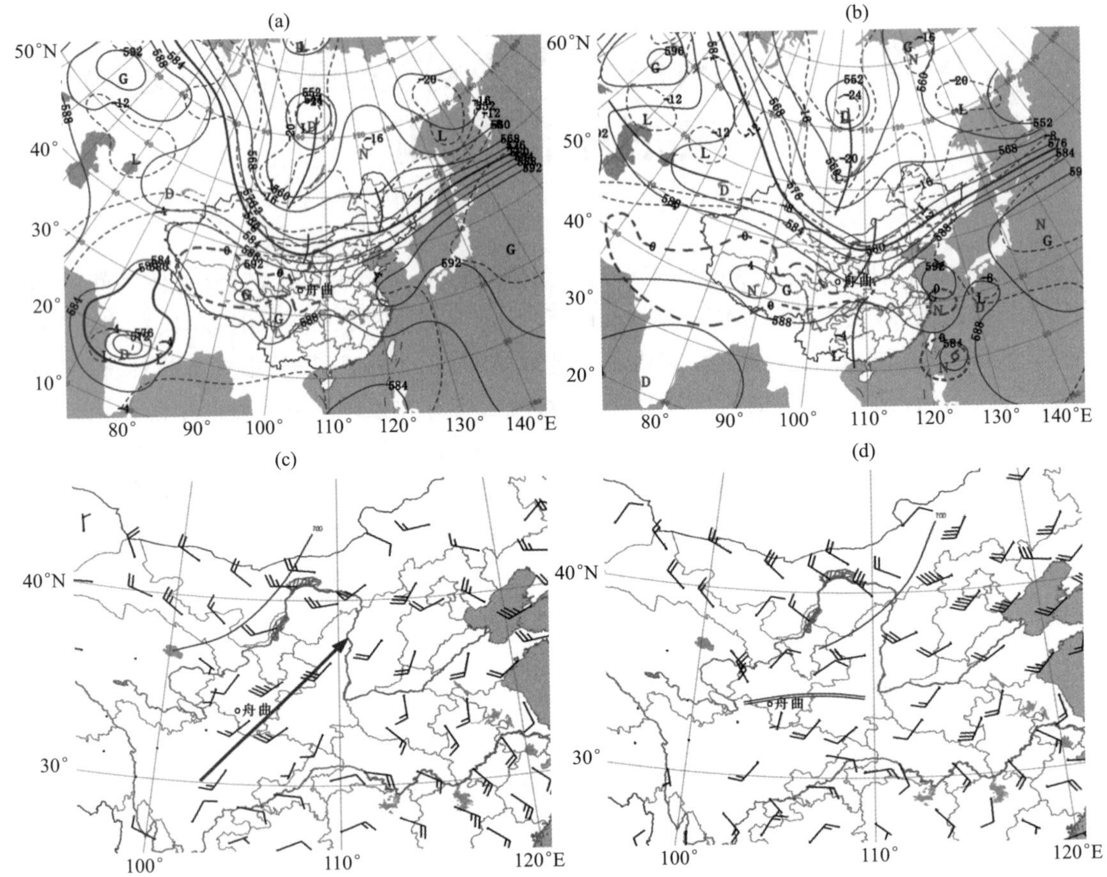

图 6.1　2010 年 8 月 7 日 00:00 和 12:00(世界时)天气背景

(a)7 日 00:00 500 hPa 高度(实线)和温度(虚线);(b)7 日 12:00 500 hPa 高度(实线)和温度(虚线);(c)7 日 00:00 700 hPa 风场(单曲线表示槽线,箭头表示西南气流);(d)7 日 12:00 700 hPa 风场(单曲线表示槽线,双曲线表示切变线)

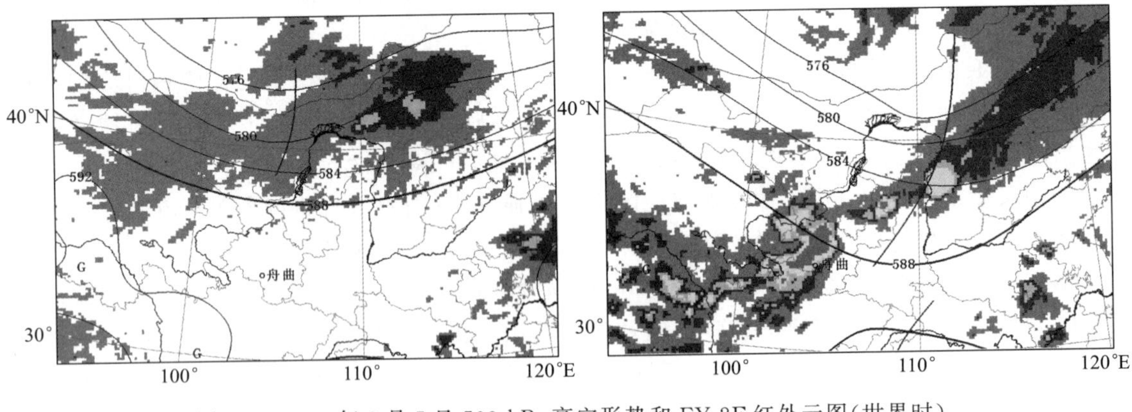

图 6.2　2010 年 8 月 7 日 500 hPa 高空形势和 FY-2E 红外云图(世界时)

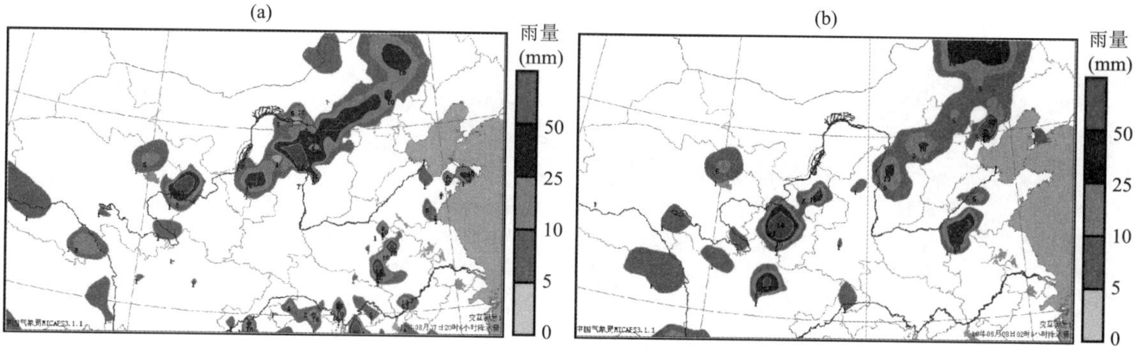

图 6.3　2010 年 8 月 7 日地面 6 h 累计降水分布

(a)06:00—12:00(世界时),(b)12:00—18:00(世界时)

6.2　对流云合并分析

6.2.1　极轨气象卫星假彩色合成

卫星多通道数据的伪彩色合成是直观反映出卫星云图上一些特性的有效手段。例如:MODIS 数据中的 1、4、6 通道的 RGB 合成图像中,对于卷云等高云而言表现出黄色调(周著华等,2005,2006);而 6、5、1 通道合成则能够较好地区分土壤、植被、液态云、冰相云以及地表积雪等(Smith 和 Evans,2007)。Lensky 和 Rosenfeld(2008)则采用伪彩色合成技术,以色彩的形式有针对性地突出对流系统、冷暖气团、云顶粒子等各类属性,包括用两个可见光通道和一个近红外通道进行的白天真彩色合成,以 0.8 μm,3.75 μm 和 10.8 μm 三个通道进行合成的白天伪彩色合成图,采用多个红外通道亮温差进行合成的对流彩色合成图等。这些研究都表明,多通道伪彩色合成技术能够使得云图中的一些物理特性更直观地表现出来。

在极轨气象卫星 AVHRR 资料中,通道 1(0.58～0.68 μm)为可见光通道,通道 2(0.72～1.10 μm)为近红外通道,通道 3(3.55～3.93 μm),为中红外通道,通道 4(10.3～11.3 μm)为远红外通道。由于可见光和近红外通道能够比其他通道具有更多的纹理特征,因此,选用 1、2、4 通道的组合(1、2、4 通道分别代表蓝色、绿色和红色通道来进行伪彩色合成,以下简称为 RGB:421)不仅可以根据亮温来区分出地表和云系,而且还能够清晰观测到云顶的起伏特征。而通过中红外通道,则可以了解到云顶粒子尺度的信息,因此,1、3、4 通道的合成(1、3、4 通道分别代表红色、绿色和蓝色通道来进行伪彩色合成,以下简称为 RGB:134)能够明显地将云层较厚的积雨云凸显出来(Lensky 和 Rosenfeld,2008)。故在以下伪彩色合成中,将选用 RGB:421 和 RGB:134 两种组合方式来进行分析。

图 6.4 为 AVHRR 多通道伪彩色合成图,从图中可以看出,06:38 甘肃省被大范围的云系所覆盖。在 RGB:421 伪彩色合成图中,西部以孤立的粉色团状云为主,而东部则以淡蓝色的片状或细胞状云系为主。西部大范围云呈现出白亮的粉色,说明云顶亮温低且反照率高;而椭圆形的团状以及孤立性,则说明该云系主要受中小尺度天气系统的影响而产生。另外,从云顶波浪凸起以及棉絮状的外观上,可以看出云区内气流的垂直运动较强烈。而东部的大片淡蓝色云系,表明虽然可见光波段的反照率较高,但云顶亮温高。从云系分布来看由于呈现出区域

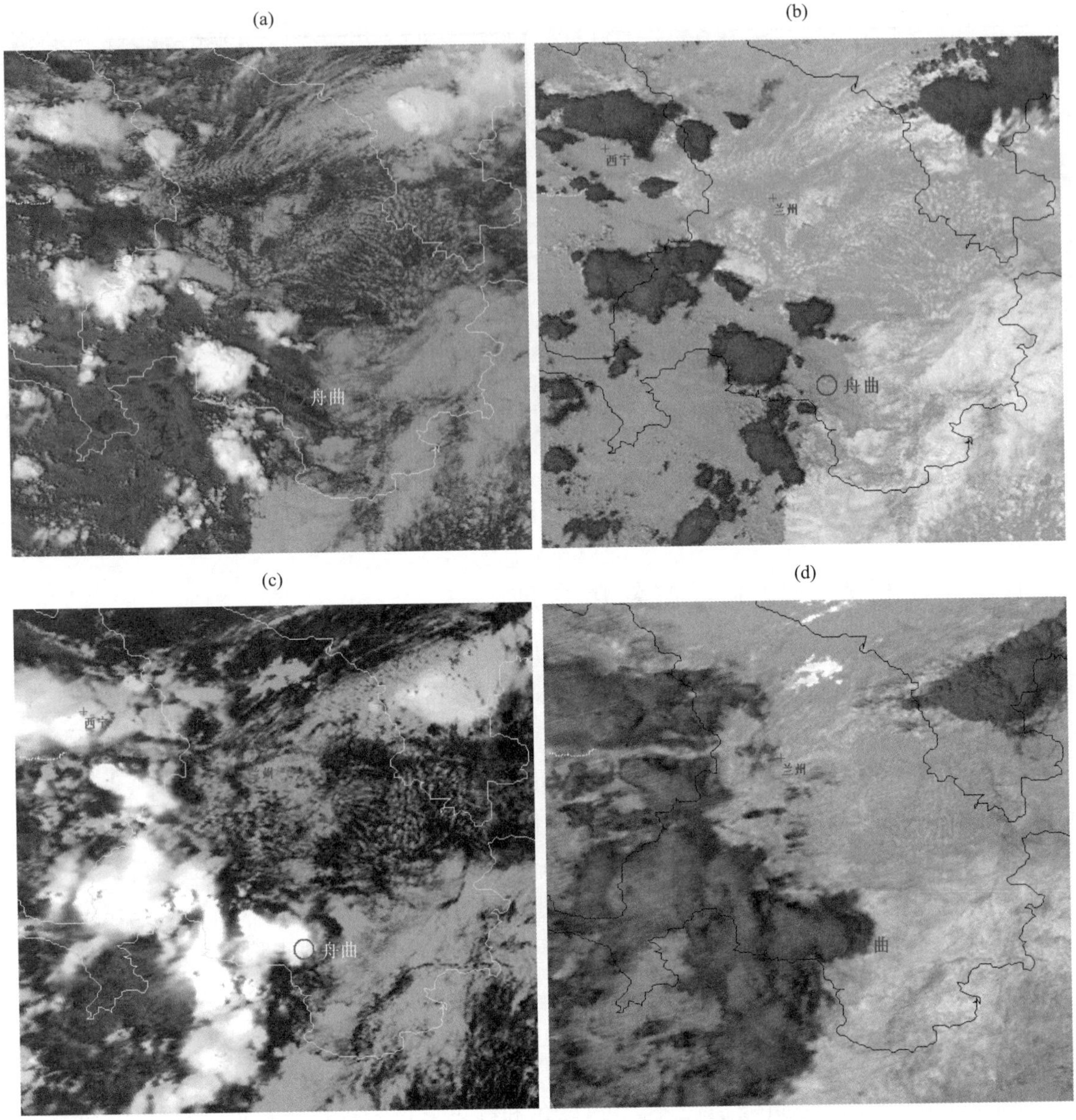

图 6.4　2010 年 8 月 7 日极轨气象卫星伪彩色合成图(世界时,彩图见书末附页)
(a)RGB:421(06:38 NOAA-18),(b)RGB:134(06:38 NOAA-18),
(c)RGB:421(08:00 FY-1D),(d)RGB:134(08:00 FY-1D)

性片状分布,因此,可以认为是大尺度天气系统影响下所产生的云。从纹理上来看没有明显的凸起,表明云区内没有明显的垂直运动。另外,在 RGB:134 合成图上,西部的云顶均为红色,说明这些云都是云层厚且云顶粒子尺度大的对流性积雨云。而东部蓝色的云区中,主要为白色和粉红色为主,表示这些云顶粒子的尺度小,主要为液态水滴组成。同时考虑到东部云区相对较高的云顶亮温,这些云系主要为暖性的低云。

从以上分析可知,06:38 甘肃西部受中小尺度天气系统的影响,生成了许多对流云,且这些对流云尚处于发展阶段(具有上升运动、云层厚且云顶高);而东部云系主要由大尺度天气系统产生,以暖性的低层云为主。

随后西部的对流云继续发展，并出现对流云团之间合并，由多个小对流单体合并形成尺度更大的中尺度对流系统。从08:00伪彩色合成图中可以看出，西部的云系已经不再是分散、独立的对流云，而已经通过合并形成了范围更大的片状对流云系统。从色彩和纹理上来看，在这一片对流系统的云顶，仍然表现出高反照率、低亮温、波浪凸起状纹理、云层厚且云顶粒子尺度大等特征。因此，这一片对流系统仍然处于发展阶段，还将进一步发展。可以认为对流系统是通过多个对流单体合并而形成的，且合并后对流系统仍然在发展。

6.2.2　静止气象卫星增强红外云图

从增强红外云图演变(图6.5)来看，在这次过程中存在着5个阶段的对流云/对流强中心合并过程：08:00第一次多个对流单体合并形成对流系统；09:30左右发展中的对流系统与其周边新生的对流系统合并；10:00—10:30发展得比较成熟的新生对流系统与旧对流系统合并；11:30—12:00新旧对流系统连接并相互作用；13:30—14:00对流系统中两个强中心合并。以下分阶段来进行过程描述。

6.2.2.1　多个对流单体合并形成对流系统

如上一部分中对两次极轨卫星伪彩色合成图分析结果所述，07:00—08:00甘肃西部多处新生对流单体，并逐步发展合并而形成片状对流云带。在08:00增强红外云图上，可以看到四个面积较大的对流单体A、B、C、D(如图6.5所示)，其中对流单体A、B和C在其发展过程中均出现了对流单体之间的合并，由多个小对流单体合并而成；而对流单体D则由一个小对流单体逐步发展而来。半小时以后(08:30)对流单体B和C已经合并形成了尺度更大的对流系统E；而对流单体A和D也已经在发展的同时逐步靠近，且外围云系已经相连。

6.2.2.2　发展中的对流系统与其周边新生对流合并

09:30对流系统E进一步增强发展形成尺度更大对流系统，在增强红外图像上表现为云团面积和低温区(红色)面积的增大；此时，对流单体A和D则已经合并成对流系统F，增强云图上也由褐色逐渐变为红色，表示云顶亮温在下降，对流得到了增强；另外，在对流系统E和F之间东部又新生出对流单体G。随后，对流系统E和F开始减弱。

6.2.2.3　发展成熟的新生对流系统与旧对流系统合并

10:00系统F云顶红色部分逐渐消失，褐色面积增多，说明云顶亮温升高，对流系统开始进入消散阶段。此时，系统E虽然云顶呈现红色的低温区面积未明显减小，但结构已不如半小时前密实，系统西北侧的亮温从中心向外的变率也小于09:30(亮温梯度在减小)，这说明系统E结构密实的冷云顶坡度开始减小，对流造成的上升气流也逐渐减弱，系统逐步进入消散阶段。与对流系统E和F相反，对流单体G在此时云顶亮温低且密实，形状上也更加趋向于圆，表明对流单体在逐步增强发展。此外，在对流单体G西南角与对流系统E相连接处，红色外围的褐色圈部分已经消失，这就意味着此处亮温梯度大，说明该连接处存在着剧烈垂直上升运动，两对流单体已开始相互作用。另外，在对流系统E和F之间西部有一个对流单体H，且已通过橙-黄色的连接带与F相连。

10:30对流系统E和对流单体G已经合并成对流系统I，在I中云顶亮温低的红色密实区主要位于原单体G所属区域，原E云顶红色部分在逐渐减少且有向G方向偏移的趋势。而对流系统F和对流单体H虽然已连接但仍然有两个强中心，两者并未完全合并形成一个系统。

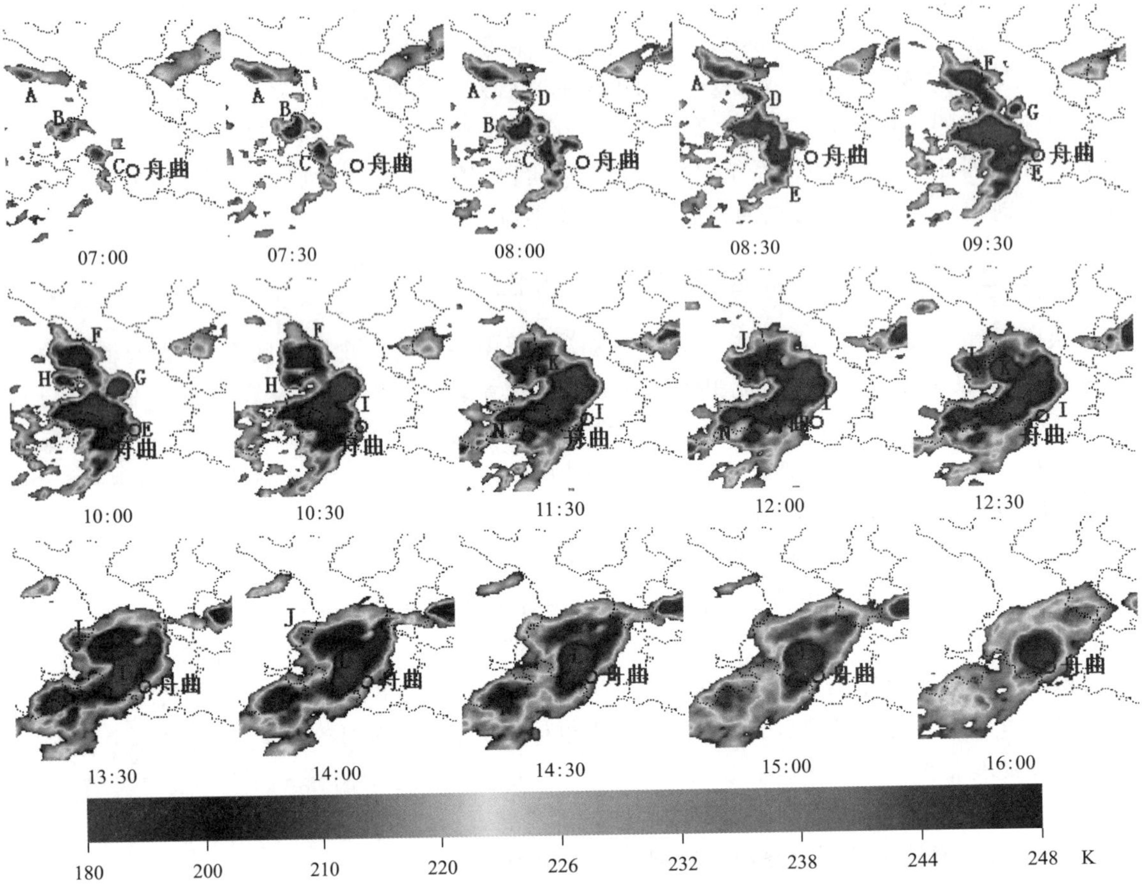

图 6.5　2010 年 8 月 7 日 07:00—16:00(世界时)增强红外云图(彩图见书末附页)

6.2.2.4　新旧对流系统连接并相互作用

11:30 对流系统 I 中云顶呈现红色低亮温区面积进一步增加,并且原属于对流系统 E 的部分云顶中红色部分也得到了增加,也就是说 E 和 G 合并后,对流系统 E 已开始升温的云顶再次降温,云体发展得到再次增强。从红色云顶的分布还可以发现,云区中存在 3 个低温中心,其中南侧一个为 E 再次发展所形成,而北侧两个则由 G 的低温中心分裂而成。另外,在系统西边尾部出现一个强中心(云顶亮温低温中心)N。此时,对流系统 F 和 H 也已经合并成了一个对流系统 J,但云顶已经没有红色的低亮温区,意味着 J 已经开始消散。另外,在对流系统 J 和 I 之间,又新生了一个小的近乎圆形的对流单体 K。

12:00 对流系统 J 继续减弱消散;而对流系统 I 和对流单体 K 则通过中间的连接云带相连接,且对流单体 K 的云顶大部分为密实的红色所占据,说明 K 在不断地增强发展。在原来的 3 个中心中,南侧中心红色范围继续缩小,北侧两个中心靠南的一个已经减弱,而靠北的却在经历了短暂的增强(连接云带形成过程中增强)后也开始趋于减弱。在对流系统 I 尾部的强中心 N 已经发展形成一个与 I 相连接的对流单体。

12:30 通过连接云带的作用,对流单体 K 不断增强,且圆形外表更加明显;对流系统 I 中北侧云顶亮温低值中心的云顶中红色部分在减少,表明该中心进一步减弱;而 I 中的另外两个在 12:00 已经减弱的中心却再次加强,并且有相互靠近的趋势。强中心 N 进一步增强,且开始吞并西南角的一个小对流单体。

6.2.2.5　系统中的两个强中心合并

13:30 对流系统 K 云顶不再有密实的红色低温区，形状上也由圆形向椭圆形变化，因此可以认为已进入减弱消散阶段。在对流系统 I 中，北侧的亮温低值中心已经消散，在云顶仅有几个红色的低温点；而另外两个有增强和相互靠近趋势的中心已经合并成了新的强中心 L。强中心 N 吞并对流单体后，经历了 30 min 左右增强发展[12:45—13:15 云团显示红色亮温区增多(图略)]，而后开始减弱，云顶已不再有片状的红色低温区，且从云团中心向外色彩的变化也变得平缓，说明亮温梯度已经开始减小，强中心 N 在减弱消散。

13:30—14:00 强中心 N 云顶红色区域消散，系统进一步减弱消散。对流系统 I 内两个强中心合并成 L 后再次增强，合并后形成的对流强中心 L 经过 30 min 的发展：其圆形中心区(红色低亮温区)更明显，红色区的密实程度也更高。随后强中心 N 和 L 均逐渐的消亡。相比较而言，L 一直维持着圆形的外观，并且中心位置少动，在小区域内逐渐消亡。

6.2.3　对流系统跟踪分析

从上一节分析可知，08:00 以前区域内为孤立的对流云，而从 08:00 开始多个对流云合并形成大的对流系统。因此，在云团跟踪过程中 08:00 以前会遗漏一些参与合并过程，且成为对流系统一部分的对流单体。因此，在跟踪结果中，08:00 表现出面积和偏心率的突变。而最低/平均云顶亮温的锐减和低亮温区域比例的激增[已经有一半的云顶亮温低于 221 K(−52 ℃)]，则说明合并后对流系统得到显著增强。从 08:00 开始，由于各对流云外面的云系已经相连接，跟踪出来的结果主要反映了多个对流系统的总体特征，因此可以通过对面积、偏心率、云顶亮温等物理量的变化(图 6.6,6.7)来反映出这些对流云间的相互作用及其变化。以下从 5 个合并阶段来描述各种物理量的变化特征。

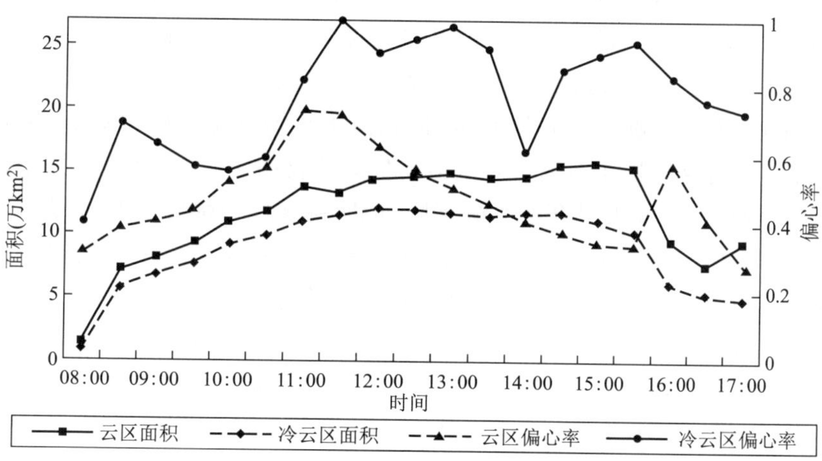

图 6.6　云团面积和偏心率时序图演变(世界时)

6.2.3.1　单体合并系统增强

08:00 以后，云团面积、偏心率和云顶亮温低于 −52 ℃的冷云区(以下简称冷云区)比例都出现显著的增加；而云顶亮温则是明显的降低。然后这种显著增加和明显降低的趋势并未维持较长时间。08:30 以后，面积和低温区比例的增幅以及云顶亮温的降幅都减小。而对于偏

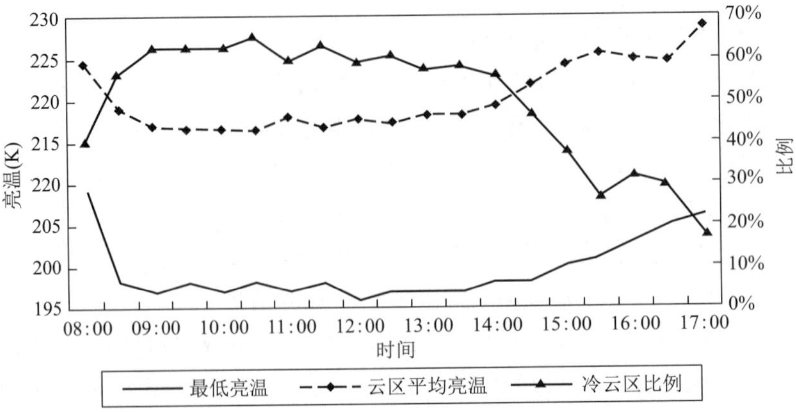

图 6.7 最低/平均 TBB 和冷云区比例时序图(世界时)

心率却出现了两种变化：云顶亮温低于 241 K(－32 ℃)云区(以下简称云区)偏心率继续增大；冷云区偏心率开始变小。对应的在增强红外云图上，可以清晰地看出合并以后的对流系统 E 中存在着多个强中心，多个对流单体虽然已连成一个对流系统，但冷云区之间并未真正合并。因此，08:00—08:30 可以认为是多个对流单体间相互作用阶段。对流单体间的相互作用增强了云体的发展，使得云团面积激增、云顶最低亮温和平均亮温突降、冷云区比例显著升高以及偏心率变大，这些变化都说明合并后对流系统在增强与发展。

6.2.3.2 再次合并系统旺盛发展

08:30—09:30，各种物理量的变化都变得平缓，说明合并过程的影响正在逐渐消失，对流系统开始一个合并后的对流调整期，几个对流单体已经逐步融合成了一个大的对流系统。与其他物理量有所不同，冷云区的偏心率的变化趋势由升高转变为了降低，这说明在冷云区扩大范围的同时，其外形变得不规则起来。从图 6.5 中可以看出，在 09:30 冷云区的外形与云区相似且多处云顶高度较高，考虑到冷云区比例已经超过了 50%，说明此时系统发展的比较旺盛，有一半以上的云体发展到了比较高的高度，形成了较大范围的冷云区。另外，在 09:30 云顶最低亮温上升了 1 K，说明最高云顶开始回落，但是由于平均亮温仍然在降低，说明整个云团尚有继续发展的能力，而仅仅是在系统中对流活动最为旺盛的区域，对流强度开始减弱。

09:30 以后，云顶最低亮温又开始小幅下降，说明系统某一部分的对流得到了增强使得最高云顶再次升高。此时，在增强红外云图上出现了新旧对流单体 A 和 D 之间的合并。由于在跟踪过程中，A 和 D 从 08:00 开始就已经被判识为一个系统，因此合并过程并未引起面积和平均亮温的突变，而仅仅表现出最低亮温的微降。另外，09:30 以后冷云区偏心率的降低速度开始放缓，并从 10:00 开始又变大。10:00—10:30 在面积略微增加的同时，由于系统发展得比较旺盛，云团结构变得更加紧密，云顶亮温的等温线也变得密集起来，使得云区和冷云区有着大致相同的偏心率，也就是说两云区的外形相似。

6.2.3.3 合并后从局部开始影响整体

10:30 以后面积增加、平均亮温升高、最低亮温下降、冷云区比例减小、偏心率明显增大。平均亮温的升高和冷云区比例的减小，说明云团总体上对流活动开始减弱。但是，最低亮温的下降，又说明云图中的一部分对流尚处于加强阶段，强的对流活动使得云顶高度升高，云顶最低亮温下降。另外，偏心率的增大则意味着系统外形上仍然朝着圆形发展，整个系统仍然维持着对流活动，使得云团的外观依旧表现为圆形。这些特征表明，对流系统E和G合并后，整个系统的对流特征依然显著，但大部分对流区的活动开始减弱，而仅仅在个别区域出现了对流增强的现象。由于总体上对流活动已经开始减弱，因此，可以认为个别区域对流增强的现象是由于对流合并所引起的。发展了较长时间的对流系统E和新生对流G发生合并后，并未立即改变整个对流系统的活动规律，而是从局部开始增强对流，进而影响整个系统。从11:00—11:30平均亮温的降低和低温区比例的升高，则证明了合并过程在小范围增强对流后，逐渐对整个系统对流活动起到增强的作用。

6.2.3.4 云桥连接后再次增强系统

11:30—12:00再次出现了面积增加、平均亮温升高、最低亮温下降、冷云区比例减小的现象，与10:30—11:00变化所不同的是偏心率开始变小。由于这一时段中，对流系统I和K通过中间连接云带开始并相互作用。因此，也反映出了合并过程在小范围内增强对流的作用。随后，平均亮温的降低以及冷云区比例的升高，也说明合并过程对整个对流系统起到了增强的作用。

12:00以后，在云区偏心率继续减小的同时，冷云区偏心率再次增大，而面积则无明显的变化。这一阶段红外增强云图上，仅表现为合并后对流系统的增强发展。冷云区面积和偏心率的变化主要反映合并后系统增强：强中心不断发展，引起面积的增加以及偏心率的升高。云区面积的先减少后增加的变化则反映出，系统在发展过程中出现了短暂的云系范围紧缩的现象，这与系统的加强相关。云区偏心率的持续减小，则说明系统中一部分中心云系开始减弱消散，或者一部分云粒子被上升气流带到更高的高度形成云砧，使得云区的形状变得不规则起来。

12:30以后冷云区面积呈现单调的减少，而云区面积依然增加；最低亮温、平均亮温也表现出单调的升温，冷云区比例也逐渐降低。说明整个系统中部分对流活动开始减弱，部分云顶高度开始下降，云顶亮温回升。

6.2.3.5 最后阶段出现强中心合并

13:00开始冷云区偏心率再次降低，到了14:00以后又再次升高。对应的云区面积变化，出现了一个增速加快的过程。而对于云顶亮温的变化而言，却一直为温度回升、冷云区比例降低。考虑到13:30—14:00两个强中心发生合并，因此可以认为强中心合并后使得冷云区偏心率升高，云区面积增速加快。但由于整个对流系统已经逐渐开始消散，强中心的合并过程并不能使得对流系统再次增强，而仅仅是使得冷云区集中在一个小区域内，使得形状上更加有规则。14:30以后冷云区面积开始持续减少，表明整个对流系统已经开始进入到消散的阶段。消散过程导致冷云区不断减少，云顶高度下降、温度升高；对流活动的减弱则使得云团结构变得松散，面积扩大。

15:30开始云区和冷云区的面积都开始减小，但在冷云区偏心率降低的同时，云区偏心率却由降低转变为升高。从云图上能够清晰地看到褐色的圆形中心，而非红色的中心。说明系统仍然有着对流结构，但是对流活动的强度已经减弱，无法再维持强的上升气流将云顶升高，因此云顶亮温回暖、面积减小，但偏心率在升高。15:30以后系统逐渐减弱消散。

6.2.4 合并过程对系统发展的影响

从以上分析可以看出，5个阶段性的对流云/对流强中心合并过程后，云图上均出现了不同程度的变化,主要有面积增加、云顶亮温下降、冷云区比例升高、亮温梯度增大等。如:08:00的多个对流单体合并过程不仅形成了一个尺度更大的对流系统,而且使得云顶最低/平均亮温突降、冷云区比例显著升高以及偏心率变大;09:30左右发生的对流系统合并,使得已经回暖的云顶再次降温;10:00—10:30新旧对流系统合并,使得云团结构变得更加紧密,等温线更加密集;11:30—12:00新旧对流系统相互作用后,也出现了面积增加、平均亮温升高、最低亮温下降、冷云区比例升高的现象;13:30—14:00两个强中心合并,使冷云区偏心率升高,云区面积增速加快。

总的来说,合并后云图上的变化可以归纳为以下5个方面:云顶平均/最低亮温降低、云区面积增大、冷云区比例升高以及云团结构变密实、温度梯度变大等。云顶亮温反映了对流云发展的高度,亮温越低云顶高度越高。平均亮温降低表明整个对流云顶都在升高,而最低亮温的下降则说明了系统中对流运动最旺盛的部分发展,引起了云团最高云顶升高。云区面积增大则存在两种可能:对流系统发展导致积云不断扩大、云粒子随高层气流不断向下风方扩散形成大范围的卷云砧。从云图上来看,这次过程中,对流系统下风方并未出现明显的云砧,因此面积的增加表明系统在发展。冷云区比例代表了云区中低温部分的多少,比例越高说明云团中有更多的部分处在较高的高度,这势必会引起低温中心到云区外围温度变化剧烈,这与温度梯度增大所代表的含义相同,都说明系统云体比较陡峭,也反映系统中存在较强对流上升气流。因此,面积和冷云比例变高以及温度梯度变大,均说明对流系统在增强发展。云团结构变密实,则从云团外观纹理上说明了对流在增强。因此,云图上5个方面的变化都说明,合并后对流系统进一步增强与发展。

另外,08:30—15:00云团的最低亮温一直维持在200 K以下,且与合并过程相对应的出现几次小幅波动。在卫星云图上出现合并后,已开始升高的云顶亮温,出现了再次下降,造成了最低亮温的小幅波动。由于最低亮温代表对流系统发展的最高高度,几次亮温波动反映了本已开始下降的云顶再次升高,对流系统从云顶降低的减弱趋势转变成为了云顶升高的增强发展。因此,可以说合并过程使得已开始减弱的系统再次增强发展,并使得整个对流系统的生命期得到延长。

综合以上分析,合并过程使得对流系统增强,并延长了系统的生命期。

6.3 对流云合并的可能机制

归纳已有对流云合并机制的研究成果(Orville et al.,1980,1987;黄美元 等,1987;Takahashi et al.,2001;付丹红和郭学良,2007),可将合并过程的影响机制归结为内部动力结构变化和外致碰撞合并这两大类。其中下层气压梯度力、辐合抬升以及下沉-上升环流的加强,均认为是对流系统内部动力结构变化所致;而因为云体扩大发展导致与另一云体相连接引起的合并过程,则认为是在外力作用下使得两云体相遇碰撞所引起。

从图6.1可知,12:00对流云合并区域南端,在700 hPa高度上存在着一条东西向的切变线。切变线的存在,会使得距切变线距离不同的对流系统因移动速度的不同而相遇合并。从图6.4中可以看出,06:38云图中的对流单体,在1.5 h左右以后(08:00)因为移动发展而聚集在了一起,因此外致碰撞合并是此时对流合并的主要机制。另外,从增强云图(图6.5)中也可以清晰地看到,从07:30—09:30,对流单体A在不断地向南移动,并最终与移动缓慢的对流单体 D 合并，这也属于外致碰撞合并。

10:00—10:30 和 11:30—12:00 发生的两次合并过程，均属于新旧对流系统之间的合并。在图像上，合并过程中并没有出现明显的移动特征，因此，内部动力结构变化是这两次合并的主要机制。10:00—10:30 对流系统 E 和 G 合并，由于在合并过程中未出现云桥，在两对流之间的区域，没有出现足以形成对流性云桥的辐合上升运动。因此，处于不同的生命期的对流系统 E 和 G 之间形成的下沉-上升环流以及增强效应是这一合并的主要机制之一。相比较而言，11:30—12:00 对流系统 F 和 H 间合并，以及对流系统 I 和 K 间合并过程中，都出现了起到连接作用的云桥。因此，合并的两云团间势必存在着较强的对流性上升运动。而对流性上升运动的产生离不开地面气流的辐合上升，故这两次合并过程的主要机制为地面辐合抬升运动。

考虑到研究区域内地形高度差异较大，因此使用 24 h 的气压变化值来进行地面气压场分析。从图 6.8 可以看出，10:00 对流系统 G 和对流系统 F 均处在的地面 24 h 正变压区内，而对流系统 E 和对流单体 H 对应的地面 24 h 变压数值较小，接近于 0。1 h 以后(11:00)E(合并以后为对流系统 I 的西南部)和 H(合并以后为对流系统 J 的东北部)对应的地面日变压明显增大。显著增大的 24 h 变压说明这两个区域内地面气压正在快速升高，雷暴高压正在形成。这说明在 10:00，对流系统 E 和对流单体 H 地面并没有地面高压存在，而此时对流系统 G 和对流系统 F 地面存在强度不同的高压。因此，在对流系统 E 和 G 以及对流系统 F 和对流单体 H 之间存在着一定的气压梯度。而当 11:00 系统合并后，E 和 H 地面高压形成，这种地面气压差也随之减弱消失。可以认为地面气压差引起的气压梯度力及其作用也是对流系统 E 和 G 以及对流系统 F 和对流单体 H 合并的主要因素。

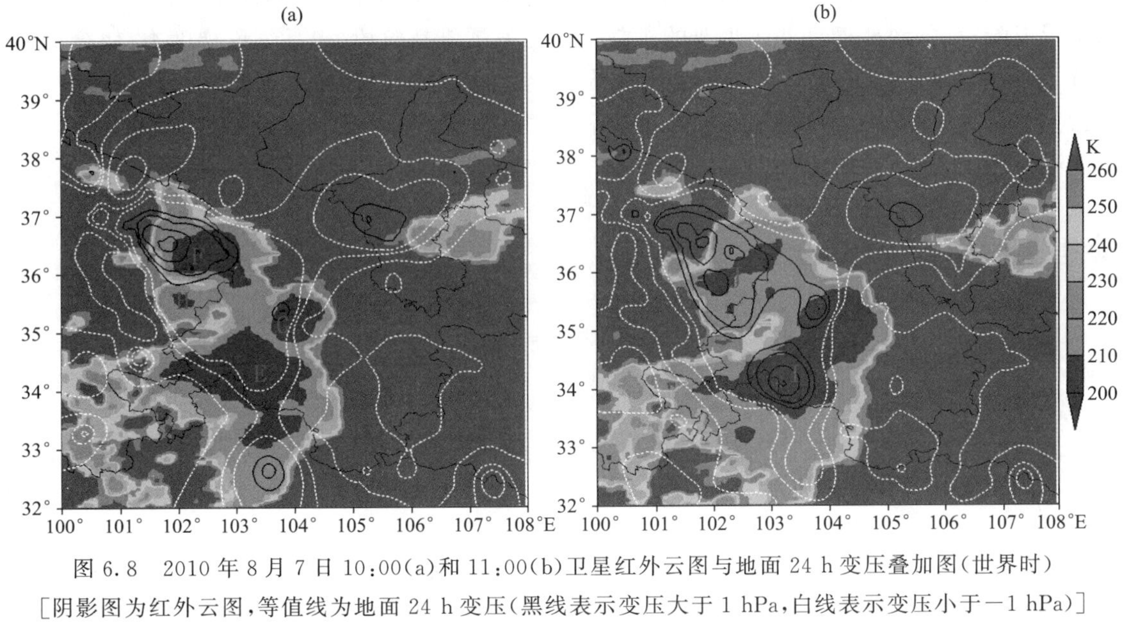

图 6.8　2010 年 8 月 7 日 10:00(a)和 11:00(b)卫星红外云图与地面 24 h 变压叠加图(世界时)
[阴影图为红外云图，等值线为地面 24 h 变压(黑线表示变压大于 1 hPa，白线表示变压小于 −1 hPa)]

对于 13:30—14:00 两个对流强中心的合并过程来说，由于两个强中心已处在统一对流系统中，中心的合并可以看成是系统内部动力结构的一个调整过程，因此，这一合并无特殊的机制。

6.4 小结

本章利用气象卫星资料，对舟曲特大泥石流天气过程中的对流云合并现象进行监测分析。通过分析发现，这是一次典型的多单体合并形成中尺度对流系统并不断发展的强天气过程，具有以下几个方面的特点：

(1)700 hPa 切变线北侧山区生成的对流单体，离切变线不同距离处的对流单体，其移动速度也不同：离切变线越远，移动速度越快。这就使得多个对流单体在邻近切变线聚集，且由于对流单体间的相遇碰并而形成了尺度更大的中尺度对流系统。

(2)中尺度对流系统的发展过程中，在 5 个时间段内出现了对流云合并现象，使得系统经历了多次的“减弱-增强”的起伏式发展，从而使整个系统的生命期得到延长。

(3)5 个阶段的对流云/对流强中心合并过程可分为同时期发展的多个单体合并、新旧对流系统合并以及对流强中心合并三种。在系统形成阶段为同时期发展的多个单体合并：而在系统维持阶段出现了多次新旧对流系统合并，维持着中尺度对流系统的继续发展；当对流系统进入减弱消散阶段前，出现了系统中的两个强中心的合并。因此，可以认为多个单体合并形成了中尺度对流系统，新旧对流系统合并使得中尺度对流系统得以维持，而强中心合并则意味着合并过程的完成以及整个系统由于缺少合并作用而即将减弱消散。

(4)对流云团合并后，在云图上有 5 个方面的变化：云顶平均/最低亮温降低、云区面积增大、冷云区比例升高以及云团结构变密实、温度梯度变大等。这些变化特征都表明合并以后，对流活动增强，且延长了整个系统的生命期。

(5)引起对流合并的机制可以归结为内部动力结构变化和外致碰撞合并两大类。其中，在系统形成阶段，外致碰撞合并是主要的机制。而在发展维持阶段，包括气压梯度力、辐合抬升、下沉-上升环流的加强等在内的内部动力结构变化影响，是发生合并的主要原因。并且气压梯度力和辐合抬升是导致合并系统间出现云桥的主要原因，而下沉-上升环流的加强，则是新旧对流系统无(云)桥合并过程的主要成因。

参考文献

付丹红，郭学良，2007. 积云合并在强对流系统形成中的作用[J]. 大气科学，31(4)：635-644.

钤伟妙，罗亚丽，张人禾，等，2011. 引发舟曲特大泥石流灾害强降雨过程成因[J]. 应用气象学报，22(4)：385-397.

曲晓波，张涛，刘鑫华，等，2010. 舟曲“8.8”特大山洪泥石流灾害气象成因分析[J]. 气象，36(10)：102-105.

周著华，白洁，刘健文，等，2005. MODIS 多光谱云相态识别技术的应用研究[J]. 应用气象学报，16(5)：678-684.

周著华，白洁，刘健文，等，2006. 基于 EOS/ MODIS 的台风“浣熊”云顶相态分析[J]. 气象科学，26(5)：494-501.

LENSKY I M，ROSENFELD D，2008. Clouds-aerosols-precipitation satellite analysis tool(CAPSAT)[J]. Atmospheric Chemistry and Physics，8(24)：6739-6753.

MCANELLY RAY L，WILLIAM COTTON R，1986. Meso-β-scale Characteristics of an Episode of Meso-α-scale Convective Complexes[J]. Monthly Weather Review，114(9)：1740-1770.

ORVILLE H D,KUO Y H,FARLEY R D,et al,1980. Numerical simulation of cloud interactions[J]. Journal of Recherchs Atmospheriques,14:499-516.

ORVILLE H D,HIRSCH J H,FARELY R D,1987. Further results on numerical cloud seeding simulations of stratiform-Etype clouds[J]. The Journal of Weather Modification,19(1):257-261.

PING FAN,ZHEXIAN LUO,XIBA TANG,2014. A simulation of merger of convective clouds in the torrential rainfall associated with the Meiyu front[J]. Meteorology and Atmospheric Physics,123(1-2):51-65.

SMITH R B,EVANS J P,2007. Orographic Precipitation and Water Vapor Fractionation over the Southern Andes[J]. Journal of Hydrometeorology,8(1):3-18.

TAKAHASHI T,YAMAGUCHI N,KAWANO T,2001. Videosonde observation of torrential rain during Baiu season[J]. Atmospheric Research,58(3):205-228.

第7章 结语

本书由观测技术、对流云合并普查以及典型过程机理分析三大部分组成。首先，在观测技术方法上，从雷达回波噪声滤除、对流云识别和对流云跟踪方面开展算法技术研发。其次，利用多年卫星云图开展了江淮夏季对流云合并气候特征的统计。统计结果包括时空分布、分类与演变、合并影响、与雷达统计结果的差异以及不同强对流中的合并特征等。最后，结合数值模式结果，从动力和微物理两个方面，对合并过程的特征进行分析，总结合并的形成机理，并分析了一次中尺度对流系统形成和发展过程中对流云合并的作用。主要结论如下：

(1)与传统的滤波方法相比，数学形态学的方法能够在定位噪声信号的同时，恢复出受噪声污染区域的雷达回波信息。

(2)在卫星云图识别对流云的过程中，多个阈值的综合利用，可以提高识别效率。该方法不仅能够有效地从梅雨锋、台风等大尺度云系中识别出云顶亮温较低的对流系统，而且还能够识别出云顶亮温相对较高的对流云。

(3)利用多年卫星云图对江淮夏季对流云合并的气候特征进行统计，结果表明：合并能够增强云体的发展，与中尺度地形之间具有一定的关系，并且存在显著的日变化规律——午后为合并的频发时段。与雷达回波的统计结果相比，两者总体相近，但是也存在时空特征的差异：大别山北侧和沿(长)江地区两种资料统计的合并高发区不重合；日变化中雷达回波统计结果的合并高峰时间要比卫星云图滞后 2 h，逐旬变化中峰值日期推后 1 旬。

(4)只有 65%冰雹过程中出现对流云合并，平均每个过程出现 1.9 次合并；而暴雨过程中，不仅有 94%出现了合并，而且平均每个过程发生合并的频次也高达 11.6 次。利用云顶亮温、云团间距离、面积比等参数得到了区分对流云合并后是产生冰雹还是引起暴雨的线索。

(5)综合观测显示，合并过程存在着大尺度环境场中垂直运动存在的水平不均匀性、显著地面气压梯度、一个云核的下沉气流加强了另一个云核的上升气流等三个方面的动力因素。合并开始时，在回波连接处出现一个雨水区。从中下部开始的合并过程中，会出现冰相粒子范围增大的现象；而从上部开始的合并过程则不会出现云中冰相粒子范围的显著增大。

(6)观测结果表明，卫星云图上红外通道亮温 T_{IR} 与水汽通道亮温 T_{WV} 相同点的连线所处位置($T_{IR}=T_{WV}$ 线所处位置)，与对流系统的发展趋势有关，主要表现为：当 $T_{IR}=T_{WV}$ 线向－32 ℃线逼近，并且强回波位于冷云区内时，系统处于发展阶段；而当 $T_{IR}=T_{WV}$ 线向低温区萎缩，且强回波偏离了冷云区导致空间位置上不重合时，系统处于消散阶段。

(7)对两类不同发展阶段的对流单体之间的合并过程的模拟分析结果表明，当两个单体都处于接近的发展阶段，合并后单体发展增强；当一个单体强度大于另一个单体时，合并后一个单体得到增强，另一个单体减弱消亡。合并时，两云间下部的低压辐合区会有新的云水中心产生，前一类合并过程中，新产生的云水中心代替了原有的两个云水中心，而后者在合并时，新产生的云水中心和其中一个原有的云水中心发生了合并，而另一个云水中心减弱消散了。模拟分析结果还表明，对流云合并过程可引起回波增强、云顶抬高、云水、冰相物质含量增加、地面降水增加现象。

(8)在中尺度对流系统的形成和发展过程中,存在多次对流云之间的合并。在系统形成阶段,外致碰撞合并是主要的机制。而在发展维持阶段,包括气压梯度力、辐合抬升、下沉-上升环流的加强等在内的内部动力结构变化影响,是发生合并的主要原因。并且气压梯度力和辐合抬升是导致合并系统间出现云桥的主要原因,而下沉-上升环流的加强,则是新旧对流系统无(云)桥合并过程的主要成因。

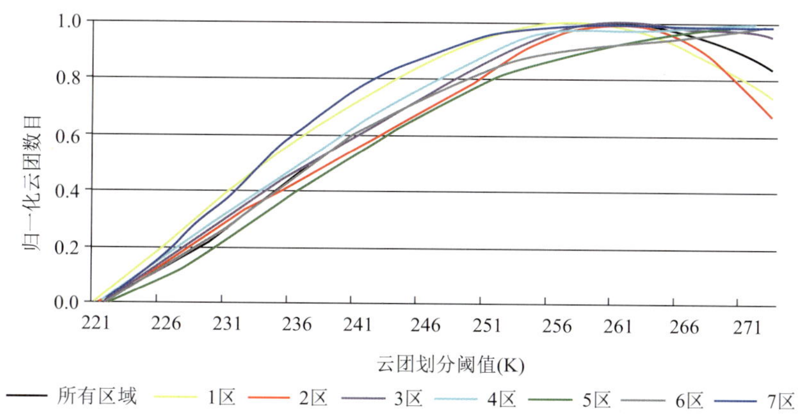

图 2.2 不同红外亮温阈值划分的归一化云团数目

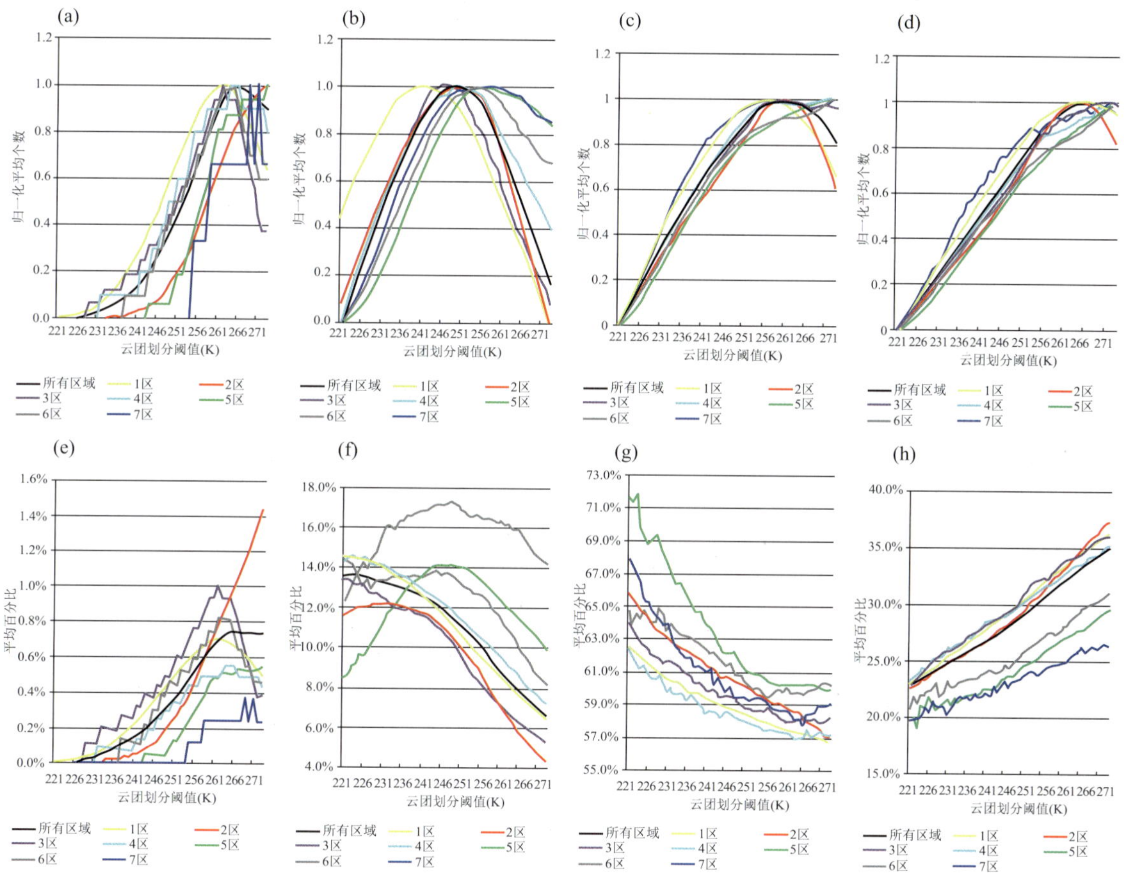

图 2.3 不同尺度云团归一化云团个数(a:大尺度;b:α 中尺度;c:β 中尺度;d:γ 中尺度)以及百分比(e:大尺度;f:α 中尺度;g:β 中尺度;h:γ 中尺度)

	扁形		圆形	
r中尺度	025	弱对流	125	弱对流
	027	对流	127	对流
	029	深对流	129	深对流
β中尺度	065	弱对流	165	弱对流
	067	对流	167	对流
	069	深对流	169	深对流
α中尺度	085	弱对流	185	弱对流
	087	对流	187	对流
	089	深对流	189	深对流

图 2.4　18 类对流云数值及其对应色彩

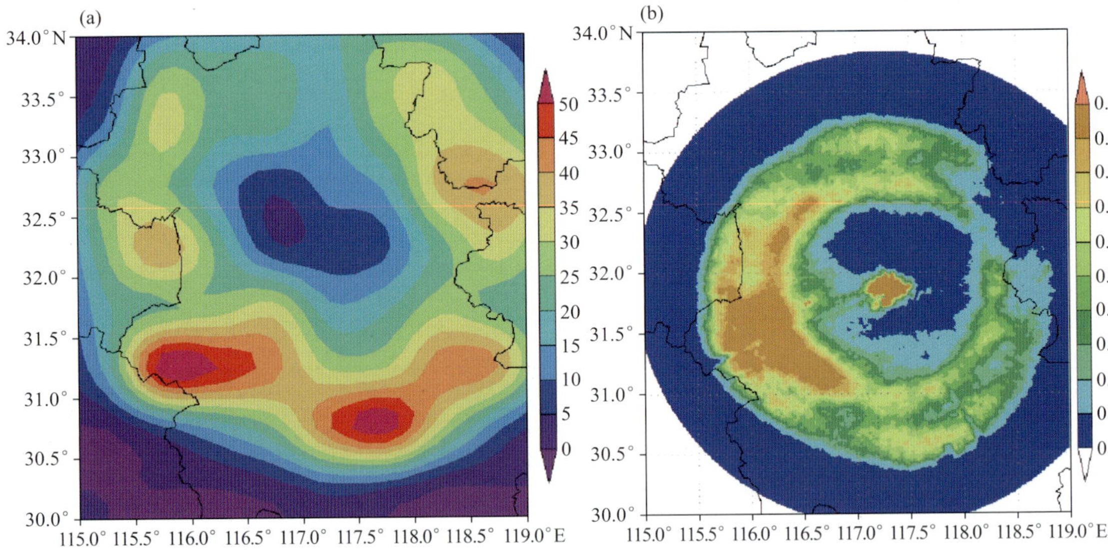

图 3.19　回波合并次数(a)和对流发生频率(b)的空间分布

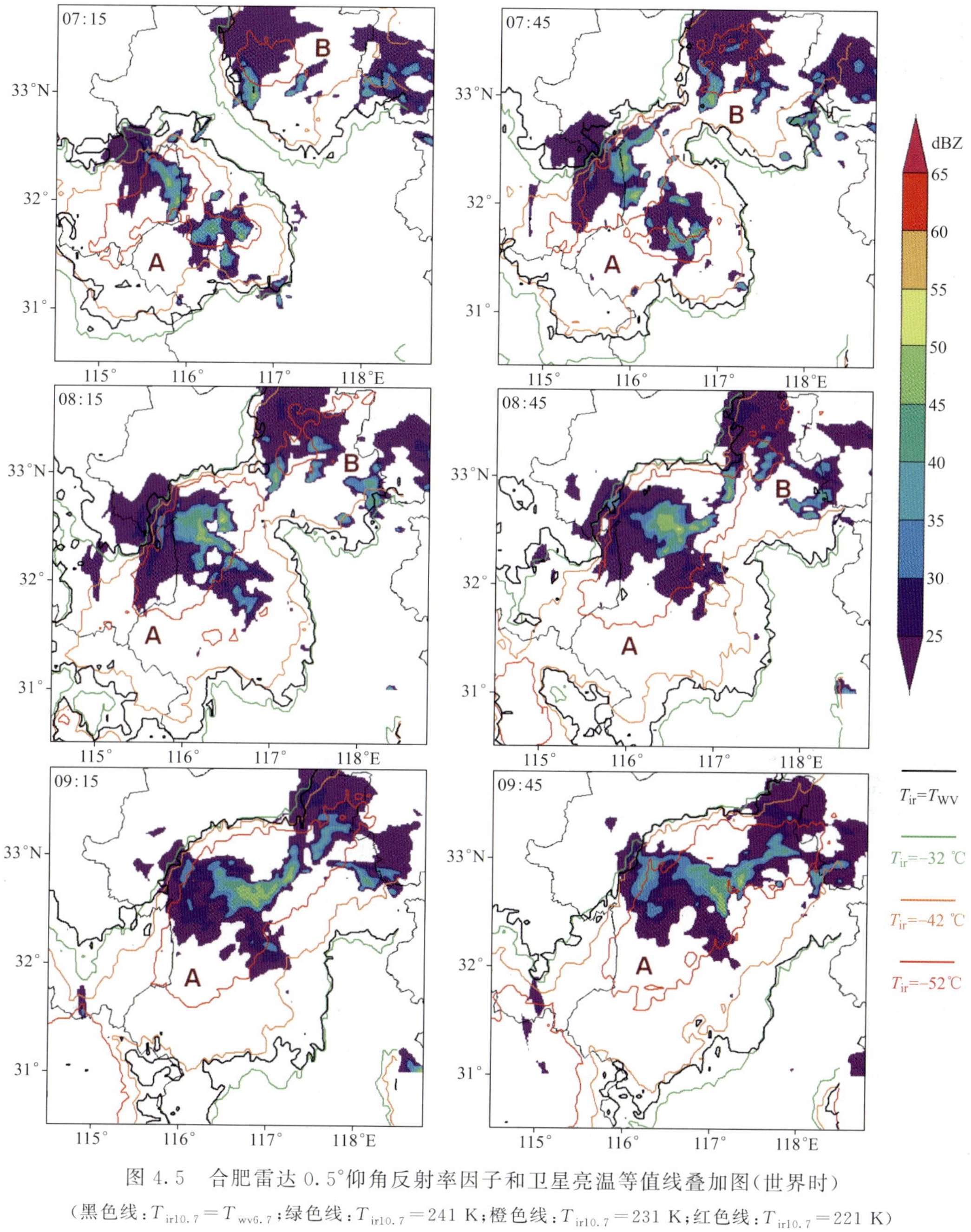

图 4.5　合肥雷达 0.5°仰角反射率因子和卫星亮温等值线叠加图(世界时)

(黑色线:$T_{ir10.7}=T_{wv6.7}$;绿色线:$T_{ir10.7}$=241 K;橙色线:$T_{ir10.7}$=231 K;红色线:$T_{ir10.7}$=221 K)

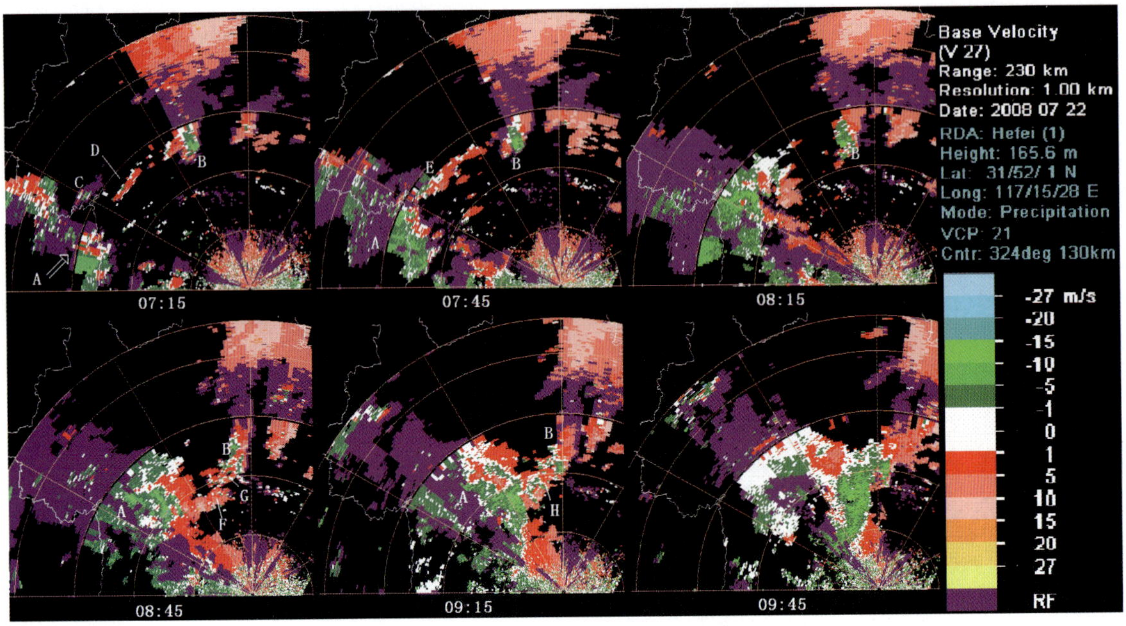

图 4.6　合肥雷达 0.5°仰角径向速度图(世界时)

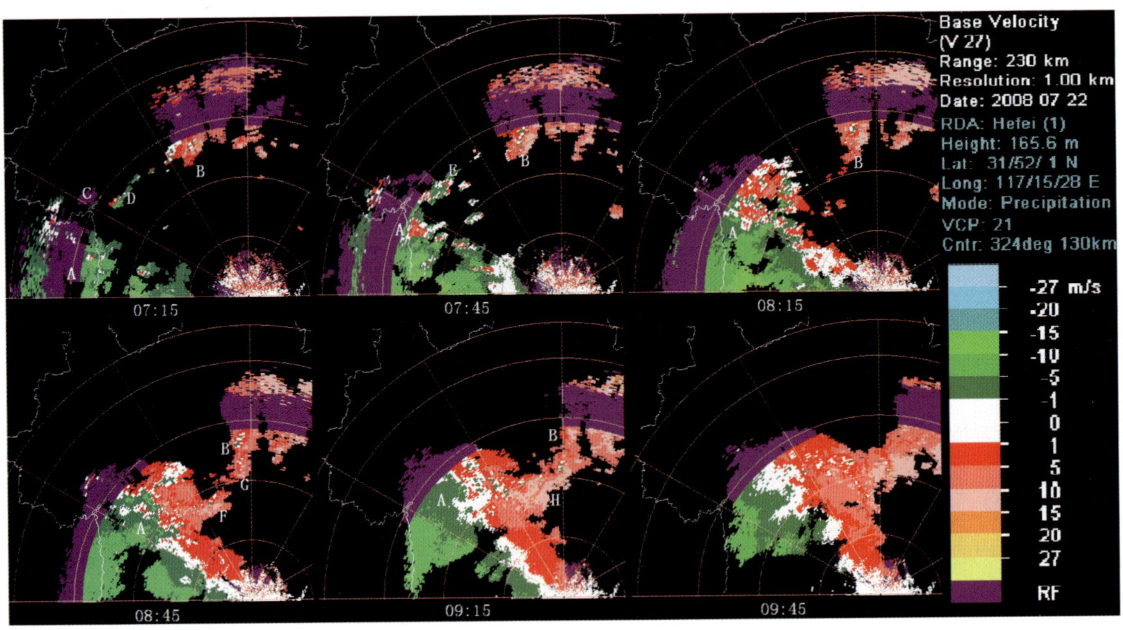

图 4.7　合肥雷达 2.4°仰角径向速度图(世界时)

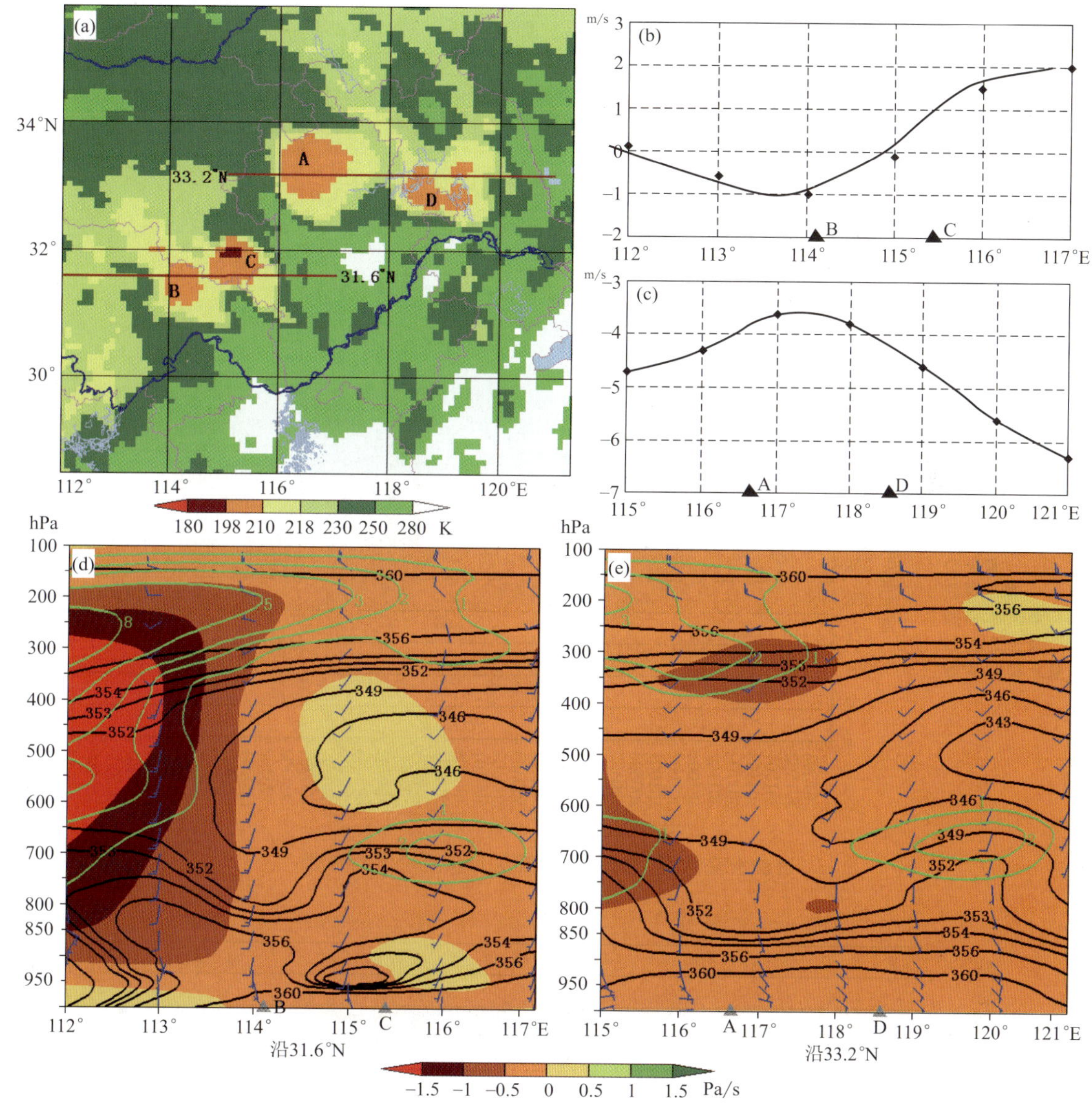

图 4.13　2008 年 7 月 22 日 06:00(世界时)增强红外云图(a)及合并区域内沿 31.6°N(b,d)和 33.2°N(c,e)的垂直剖面(图 b、c 为 950 hPa 水平风 u 分量;彩色阴影为垂直速度,单位:Pa/s;黑色等值线为等位温线,单位:K;绿色等值线为云水含量,单位:0.1g/kg,蓝色风标为水平风场)

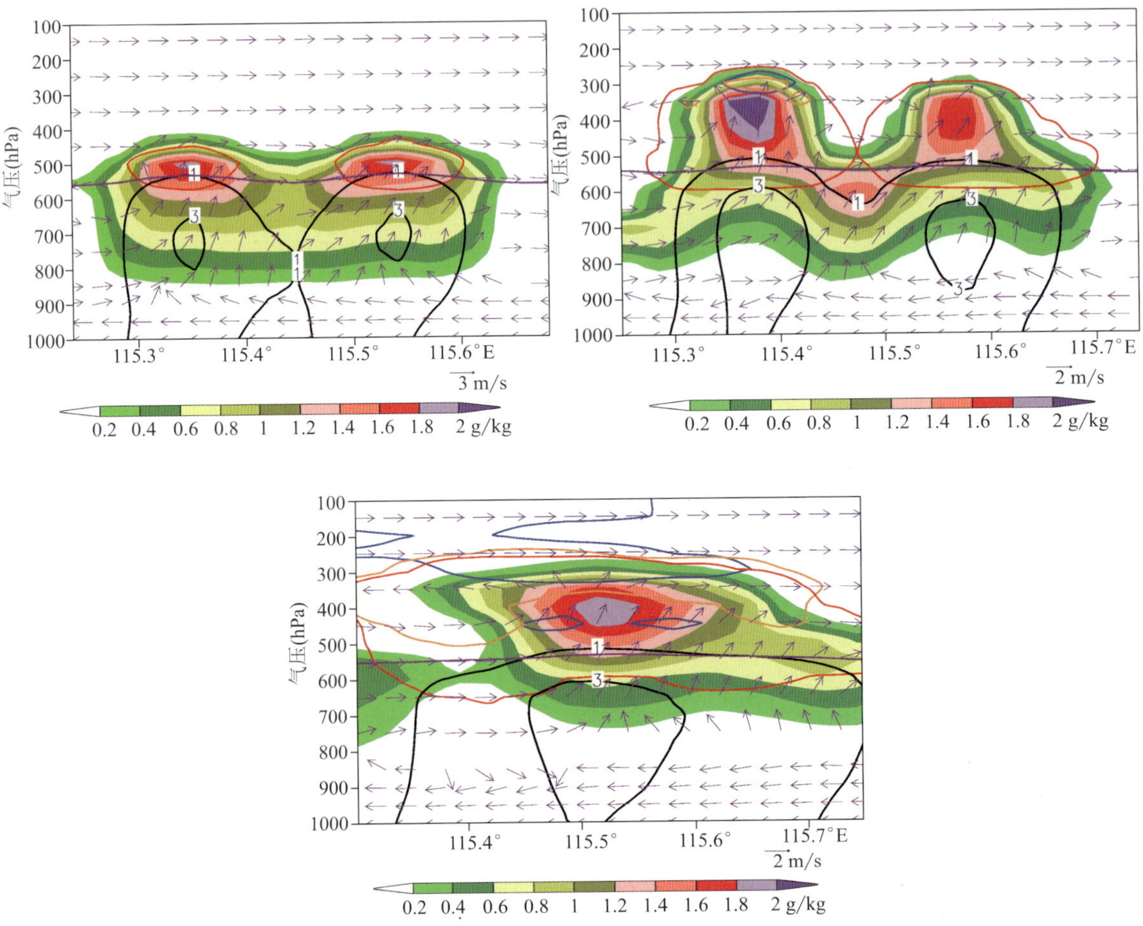

图 5.12　2008 年 7 月模拟水成物含量分布以及风场的剖面

（彩色阴影：云水含量；紫色线：零度线位置；黑线：1、3 g/kg 雨水等值线；蓝线：0.01 g/kg 冰晶等值线；红线：雪晶 0.01 g/kg 等值线；橘黄色线：0.1 g/kg 霰等值线）

(a)21 日 23:30 沿图 5.10b CD 线，(b)21 日 23:50 沿图 5.10c EF 线，(c)22 日 0:20 沿图 5.10d GH 线

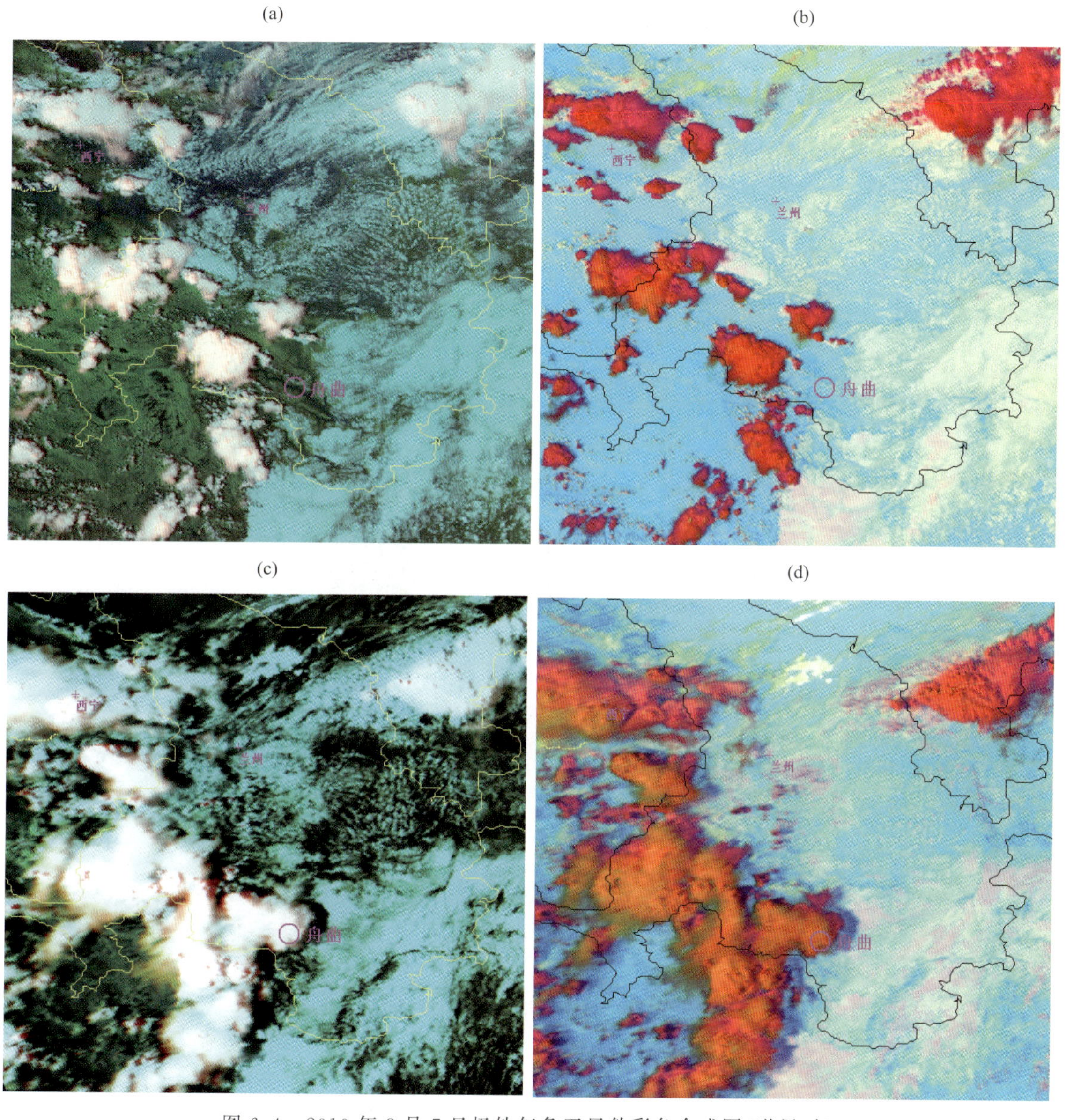

图 6.4　2010 年 8 月 7 日极轨气象卫星伪彩色合成图(世界时)

(a)RGB:421(06:38 NOAA-18),(b)RGB:134(06:38 NOAA-18),

(c)RGB:421(08:00 FY-1D),(d)RGB:134(08:00 FY-1D)

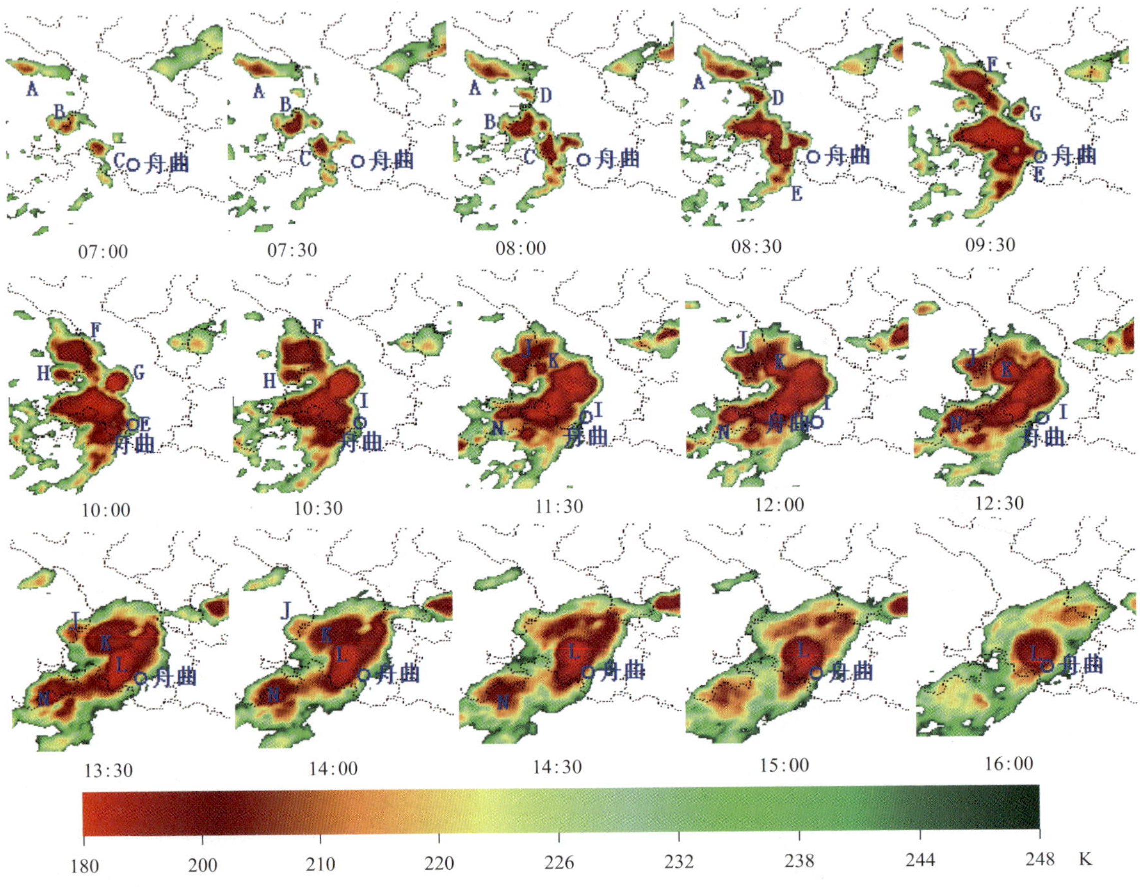

图 6.5　2010 年 8 月 7 日 07:00—16:00(世界时)增强红外云图